武汉东湖学院 2016 年青年基金项目
"微电网系统的运行控制与能量管理研究"成果

# 微电网关键技术及工程应用研究

吴红霞　著

中国水利水电出版社

www.waterpub.com.cn

·北京·

## 内 容 提 要

本书从实用化角度出发,对微电网涉及的相关技术进行了阐述,同时对典型工程应用实例进行了讲解和分析,主要内容涵盖了微电网与分布式发电技术,微电网控制与运行技术,微电网的保护技术,微电网的能量管理技术,微电网的信息建模、通信与监控技术,微电网的规划设计与工程应用实例等。

本书结构合理,条理清晰,内容丰富新颖,可供相关工程技术人员参考使用。

## 图书在版编目(CIP)数据

微电网关键技术及工程应用研究/吴红霞著. —北京:中国水利水电出版社,2019.3
ISBN 978-7-5170-7641-4

Ⅰ.①微… Ⅱ.①吴… Ⅲ.①电网—电力工程—研究
Ⅳ.①TM727

中国版本图书馆 CIP 数据核字(2019)第 079692 号

| 书　　名 | 微电网关键技术及工程应用研究 |
|---|---|
| | WEIDIANWANG GUANJIAN JISHU JI GONGCHENG YINGYONG YANJIU |
| 作　　者 | 吴红霞　著 |
| 出版发行 | 中国水利水电出版社 |
| | (北京市海淀区玉渊潭南路 1 号 D 座 100038) |
| | 网址:www. waterpub. com. cn |
| | E-mail:sales@waterpub. com. cn |
| | 电话:(010)68367658(营销中心) |
| 经　　售 | 北京科水图书销售中心(零售) |
| | 电话:(010)88383994、63202643、68545874 |
| | 全国各地新华书店和相关出版物销售网点 |
| 排　　版 | 北京亚吉飞数码科技有限公司 |
| 印　　刷 | 三河市华晨印务有限公司 |
| 规　　格 | 170mm×240mm　16 开本　13.25 印张　237 千字 |
| 版　　次 | 2019 年 6 月第 1 版　2019 年 6 月第 1 次印刷 |
| 印　　数 | 0001—2000 册 |
| 定　　价 | 70.00 元 |

# 前　言

　　由于化石燃料的日益枯竭、地球环境的不断恶化以及人类社会对能源依赖性的增长，新能源的就地开发和分布式发电的利用已成为各国政府节能减排、发展绿色能源的重要手段。分布式发电具有污染少、能源利用率高、安装地点灵活等优点，并且与集中式发电相比，节省了输配电资源和运行费用，减少了集中输电的线路损耗。分布式发电可以减少电网总容量，改善电网峰谷性能，提高供电可靠性，是大电网的有力补充和有效支撑。无疑，分布式发电是电力系统的发展趋势之一。

　　为使分布式发电得到充分利用，一些学者提出了微型电网（Micro Grid，简称"微电网"）的概念。"微电网"也称为"智能电网的积木"，是一种新颖的配电网结构，它能充分发挥分布式能源的应用潜力，已成为未来智能电网的重要组成部分。微电网是由分布式电源、储能装置、能量转换装置、负荷、监控和保护装置等组成的小型发配电系统，是一个能够实现自我控制、保护和管理的自治系统。微电网技术的提出旨在实现分布式电源的灵活、高效应用，解决数量庞大、形式多样的分布式电源并网运行问题。

　　微电网虽然不是一个新概念，但是它可以作为一项新技术来消纳更多的可再生能源，并且可以联合电力电子装置的灵活性，形成更高效的发电方式。通过微电网实施对分布式电源的有效管理，可以使未来配电网运行调度人员不再直接面向各种分布式电源，既降低了分布式电源对配电系统安全运行的影响，又有助于实现分布式电源的"即插即用"，同时可以最大限度地利用可再生能源和清洁能源。配电系统中大量微电网的存在将改变电力系统在中低压层面的结构与运行方式，实现分布式电源、微电网和配电系统的高度有效集成，充分发挥各自的技术优势，解决配电系统中大规模分布式可再生能源的有效接入问题，这也正是智能配电系统面临的主要任务之一。此外，为了促进微电网技术的发展，微电网领域正在形成新型产业，可为电网和分布式电源业主带来最大的效益。

　　微电网因其发电形式多样、供电方式灵活而成为大电网的有益补充，但微电网的很多基础运行问题都与传统大电网有所不同，需要专门加以研究。近年来，微电网的研究和发展获得了我国社会各方面的广泛关注。政府部门希望借助微电网技术为分布式可再生能源的发展探索出新的运营和管理模式,电网公司拟通过微电网示范工程的建设解决大量分布式电源并网后的运行和管理问题,一些能源管理公司、发电商等希望利用微电网自我组织及自我管理的优势探索新的能源服务机制,而大学和研究机构则希望通过微电网技术的研究探索出新的理论和方法。总之,人们从各自不同的角度在关注微电网的建设和发展,期待微电网技术获得更加广泛的应用。

正是在微电网革新的背景下,作者撰写了本书,希望它的出版能为专业和非专业人士提供非常有价值的信息。本书既注重技术分析又注重工程应用,适合所有从事有源配电网分析、规划与设计、运行与控制的电气工程师、电网运维人员和电力系统研究者参考使用,也适合于微电网相关行业的供应商和制造商。本书共9章。第1章为引言,简单介绍了微电网的产生背景、定义、结构与分类、发展现状与发展前景等;第2章至第6章为关键技术分析,具体包括微电网与分布式发电技术、微电网控制与运行技术、微电网的保护技术、微电网的能量管理技术,以及微电网的信息建模、通信与监控技术;第7章对微电网的经济性与市场参与进行讨论;第8章分析微电网的规划设计,并列举了一些工程应用实例;第9章对全书作了总结。

在本书写作过程中,作者以自己在微电网系统方面的研究工作为基础,参考并引用了国内外专家学者的研究成果和论述,在此向相关内容的原作者表示诚挚的敬意和谢意。由于作者水平有限,书中不足之处在所难免,恳请读者批评指正。

作　者

2019 年 1 月

# 目　录

# 第1章 引　言

电力是重要的二次能源,是能源利用最有效的形式之一。通过电能的形式加以传输和利用是可再生能源开发的主要形式之一。分布式发电及其系统集成技术正日趋成熟,得到越来越广泛的应用。为充分发挥分布式电源的优势,进一步提升电力系统的运行性能,微电网(Micro Grid,MG)应运而生。

## 1.1　微电网的产生背景

以集中发电、远距离输电和大电网互连为主要特征的电力系统是目前世界上电力生产、输送和分配的主要方式,承担着世界上绝大部分用户的电能需求。近年来,伴随着全球经济和社会的持续发展,传统集中式供电网的弊端逐渐凸显,如在用电高峰期负荷跟踪能力有限,传统燃煤电厂能源利用效率较低,化石燃料造成环境污染等。而分布式发电技术恰恰可以弥补这些局限性,与远距离输配的传统电源相比,分布式发电一定程度上更适应分散的电力需求与资源分布。

分布式发电(Distributed Generation,DG)是指满足终端用户的特殊需求、接在用户侧附近的小型发电系统,是存在于传统公共电网以外,任何能发电的系统。

分布式储能装置供电时具有电源特性,通常将分布式储能装置与分布式发电统称为分布式电源。分布式电源通常与配电网连接,发电功率一般小于数十兆瓦,它是大电网电源的补充,除了方便地实现分布式能源的就地利用,还可以对负荷供电起到备用作用,改善电网供电可靠性。因此,分布式发电越来越受重视,在促进社会和经济可持续发展中具有良好的发展前景。

各种分布式电源的并网发电对电力系统的安全稳定运行提出了新的挑战。当中低压配电系统中的分布式电源容量达到较高的比例(即高渗透率)时,要实现配电系统的功率平衡与安全运行,并保证用户的供电可靠性和电能质量也会有一定困难。独自并网的分布式电源易影响周边用户的供电质量,分布式发电技术的多样性增加了并网运行的难度,同时实现能源的综合优化面临挑战,这些问题都制约着分布式发电技术的发展。阻碍分布式发电获得广泛应用的难点不仅仅是分布式发电本身的技术壁垒,现有的电网技术还不能完全适应高比例分布式发电系统的接入要求。

由于分布式发电的不可控及随机波动性,增加分布式发电的接入容量,同时也增加了对电网的影响,即提高分布式发电的渗透率带来对电网稳定的负面影响。分布式发电对电网来说是不可控电源,目前对分布式发电多采用限制、隔离的方式以减少对电网的冲击。

为了解决分布式发电直接并网运行对电网和用户造成的冲击,充分挖掘分布式发电为电网和用户带来的价值和效益,2001 年美国威斯康星大学 Bob Lasster 等学者首次提出了一种更好地发挥分布式发电潜能的结构型式——微电网。自此微电网的概念为更多人所理解,微电网引起了世界各国的关注。

# 1.2 微电网的定义

微电网是由分布式发电、负荷、储能装置及控制装置构成的一个单一可控的独立发电系统。微电网中分布式发电和储能装置并在一起,直接接在用户侧。对大电网来说,微电网可视为大电网中的一个可控单元;对用户侧来说,微电网可满足用户侧的特定需求,如降低线损、增加本地供电可靠性。微电网是一个能够实现自我控制、保护和管理的自治系统,既可以与外部电网并网运行,也可以孤立运行。典型微电网示意如图 1-1 所示。

图 1-2 中给出了一个典型的非微电网示例,存在无电荷、无微源、无监控、碳排放不足等问题,通过该示例可知,明显应包括 3 个基本特征:就地负荷、就地微源和智能控制。许多国家还规定了应用可再生能源(RES)和小型的千瓦级的热电联产(CHP)技术的碳排放信用约束来激励环境保护,因此碳排放信用也应成为微电网的一个特征。如果缺乏一个或几个特征,那么不再是微电网的概念,而更适宜描述为分布式电网并网或者需求侧集成(Demand Side Integration,DSI)。

美国电力可靠性技术解决方案协会(The Consortium for Electric Reliability Technology Solution,CERTS)认为微电网组成一定包含负荷和微电源。即使发生故障,微电网也能够依靠自身电能进行工作,可同时满足用户用电控制和用电安全两方面的需求。美国 CERTS 针对智能微电网的定义,给出了相应的智能微电网的结构,如图 1-3 所示。

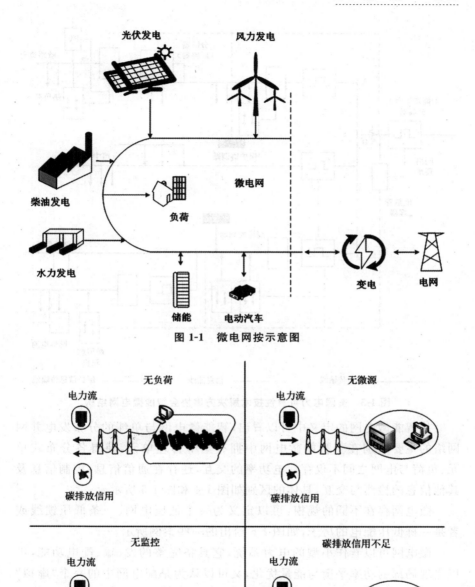

图 1-1 微电网按示意图

图 1-2 非微电网示例

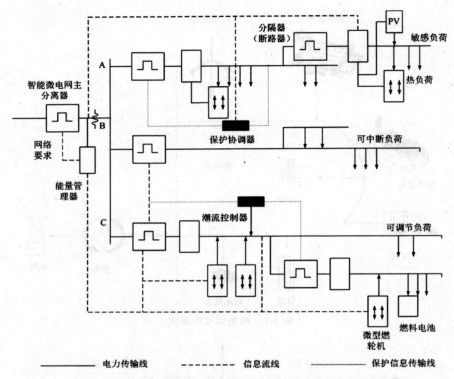

图 1-3　美国电力可靠性技术解决方案协会智能微电网结构

从智能微电网的定义中可以看出,智能微电网与单纯的分布发电并网网络的主要区别在于智能微电网中拥有集中管理单元,使得各分布式单元、负荷与电网之间不仅存在电功率的交互,还存在通信信息、控制信息及其他信息的检测与交互,具体的区别如图 1-4 和图 1-5 所示。

微电网存在不同的规模:可以定义为一个低压电网、一条低压馈线或者是一栋低压配电的房子,如图 1-6 给出的一些案例所示。

微电网可以看作小型的电力系统,它具备完整的发、输、配电功能,可以实现局部的功率平衡与能量优化,又可以认为是配电网中的一个"虚拟"的电源或负荷。

虚拟发电厂(VPP)是由一个主体集中控制的共同运行的一组分布式电源。VPP 可代替传统的发电厂,并且可提高效率和灵活性。尽管微电网和 VPP 在概念上有些近似,但也存在一些显著的区别。

(1)就地性。微电网内的分布式能源(Distributed Energy Resource,DER)位于当地同一个配电网内,它们的目标是基本上满足就地负荷的需求;而 VPP 的 DER 不要求在当地同一个配电网内,它们可以在较大的地理范围内实现协调。

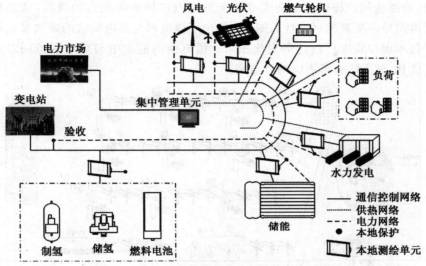

图 1-4　智能微电网中各单元间的信息交互图

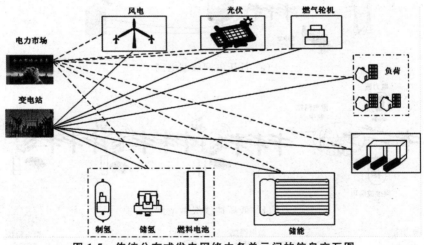

图 1-5　传统分布式发电网络中各单元间的信息交互图

（2）容量。微电网的安装容量一般相对较小（从几千瓦到几兆瓦），而 VPP 的额定功率更大。

（3）用户利益。微电网着重满足就地消费，而 VPP 凭借 DSI 酬金仅当作灵活的电源参与集成电力交易。

依从 VPP 的定义，如果作为一个商业实体，可集成不同分布式电源、储能和可控负荷，而不管它们的物理位置。若考虑就地电网的约束，建议采用技术虚拟发电厂（TVPP）。但无论怎样，VPP 作为一个虚拟的发电厂,除了应用于 DSI,均倾向于忽略就地消费。而微电网定位于就地电力消费,给终端用户提供就地购买或从上游电力市场购买电力的选择,这会将微电网导向更高的可控性。图 1-7 给出了微电网与发电集成的虚拟发电厂和技术虚拟发电厂的优势对比图示。微电网内的发电与用电资源同时得到优化,使 DG 获得更高的收益率。

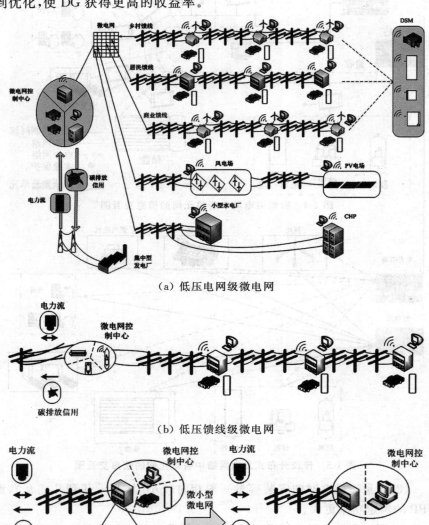

（a）低压电网级微电网

（b）低压馈线级微电网

（c）低压房屋级微电网

**图 1-6  微电网示例(注:PSM 指需求侧管理)**

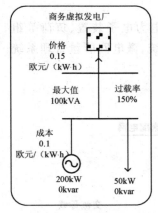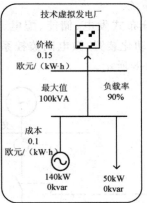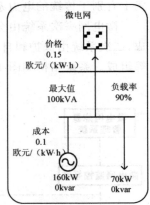

**图 1-7　微电网与发电集成的商务虚拟发电厂和技术虚拟发电厂的优势对比**

微电网的理想化目标是实现各种分布式电源的方便接入和高效利用，尽可能使用户感受不到网络中分布式电源运行状态改变（并网或退出运行）及输出功率的变化而引起的波动，表现为用户侧的电能质量完全满足用户要求。实现这一目标关系到微电网运行时的一系列复杂问题，包括：①微电网的规划设计；②微电网的保护与控制；③微电网能量优化管理；④微电网仿真分析等。这些技术问题目前大多处于研究示范阶段，也是当前能源领域的研究热点。

总结各国多个微电网试点工程，微电网具备微型、清洁、自治、友好的基本特征。综合国内外微电网的定义和基本特征，微电网一般可定义为：以分布式电源为主，利用储能和控制装置进行实时调节，实现网络内部电力电量平衡的供电网络，可并网运行也可离网运行。

我国微电网发展应用的定位主要有以下三个方面：①满足高渗透率分布式可再生能源的接入和消纳；②满足与大电网联系薄弱的偏远地区电力供应；③满足对电能质量和供电可靠性有特殊要求的用户用电需要。

# 1.3　微电网的结构与分类

## 1.3.1　微电网的结构

微电网中分布式发电靠近电力用户，输电距离相对较短，其负荷特性、分布式发电的布局以及电能质量要求等各种因素决定了微电网在结构模式上有别于传统的电力系统。

　　微电网一次系统由分布式发电、储能、配电、电力电子装置、负荷等组成,二次系统由保护和自动化装置、微电网监控系统、微电网能量管理系统等组成。系统结构如图 1-8 所示。

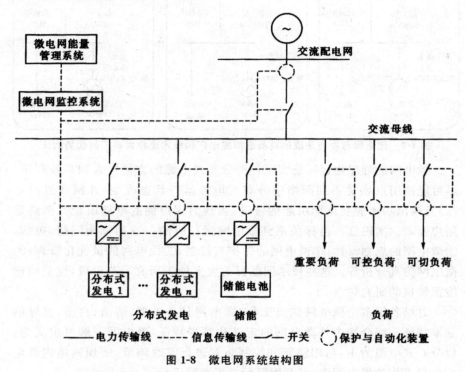

图 1-8　微电网系统结构图

　　(1)分布式发电(DG)。分布式发电类型包括风能、太阳能、生物质能、水能、潮汐能、海洋能等可再生能源发电,微型燃气轮机、柴油发电机、燃料电池等非可再生能源发电,以及利用余热、余压和废气发电的冷热电多联供等。

　　(2)储能装置。可采用各种储能方式,用于新能源发电的能量存储、负荷的削峰填谷,微电网的"黑启动"。从微电网的规模和特点等方面来看,适用于微电网的储能技术主要有电池储能、超级电容储能、飞轮储能等。

　　(3)控制装置。微电网可由控制装置构成控制系统,用于实现并离网切换控制、分布式发电控制、微电网实时监控、储能控制、微电网能量管理等功能。

　　(4)负荷。负荷包括各种一般负荷和重要负荷。

　　当多个 DG 局部就地向重要负荷提供电能和电压支撑时,可得到如

图 1-9 所示的微电网结构。微电网的这种结构可以在很大程度上减少直接从大电网买电和电力线传输的负担,同时也可以增强重要负荷抵御来自主网故障影响的能力。

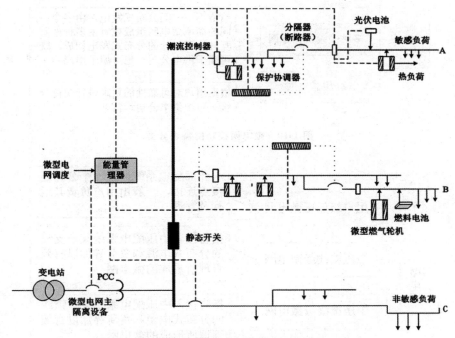

**图 1-9　多个 DG 的微电网基本结构**

## 1.3.2　微电网的分类

### 1.3.2.1　按功能需求分类

按功能需求划分,微电网可分为简单微电网、多种类设备微电网和公用微电网(图 1-10)。

### 1.3.2.2　按微电网电压等级及规模分类

从供应独立用户的小型微电网到供应千家万户的大型微电网,微电网的规模千差万别。按照接入配电系统的方式不同,微电网可分为用户级低压微电网、中压支线级微电网、中压馈线级微电网和变电站级微电网,其分类及布局如图 1-10～图 1-12 所示。

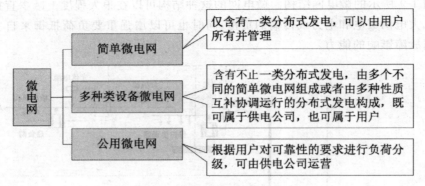

图 1-10　微电网按功能需求分类

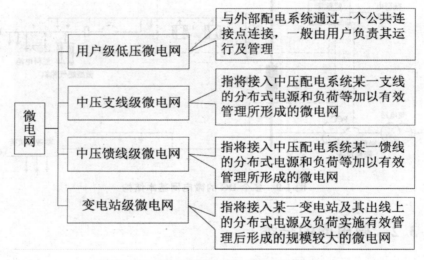

图 1-11　微电网按电压等级及规模分类

### 1.3.2.3　按交直流类型分类

（1）直流微电网。采用直流母线构成,如图 1-13 所示。直流微电网可向直流负荷、交流负荷供电。

直流微电网拥有独特的直流输电线路,相对于传统交流系统不会产生大型故障。

（2）交流微电网。采用交流母线构成,如图 1-14 所示。交流微电网是微电网的主要形式,采用交流母线与电网相连,可实现微电网并网运行与离网运行。

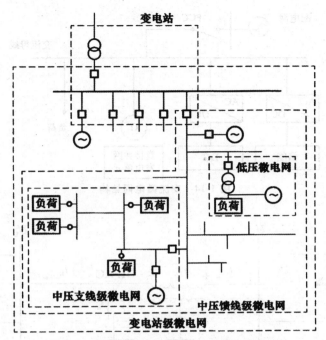

图 1-12　微电网电压等级及规模示意图

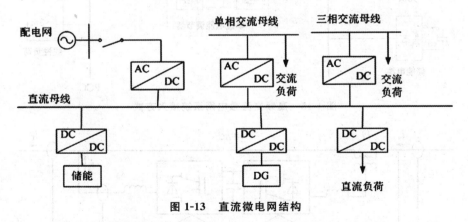

图 1-13　直流微电网结构

高频交流微电网系统的接入方式如图 1-15 所示。由于其运行在较高频率，故具有改善电能质量、减小谐波影响、方便交流储能设备接入等优点。

高频交流微电网的成功依赖于对能源和高频母线的优化利用，这一功能可利用标准的电力质量调节器实现，其基本结构如图 1-16 所示。电力质量调节器可以通过补偿电流和电压的谐波影响，达到改善电能质量的目的。

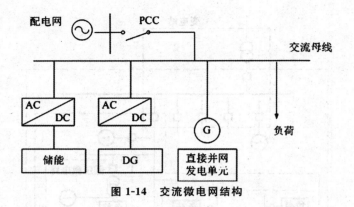

图 1-14　交流微电网结构

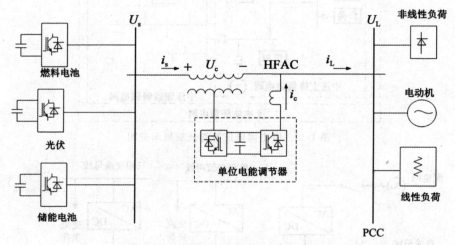

图 1-15　高频交流微电网系统接入方式

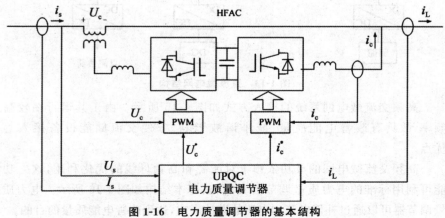

图 1-16　电力质量调节器的基本结构

（3）交直流混合微电网。采用交流母线和直流母线共同构成，如图 1-17 所示为交直流混合微电网结构。

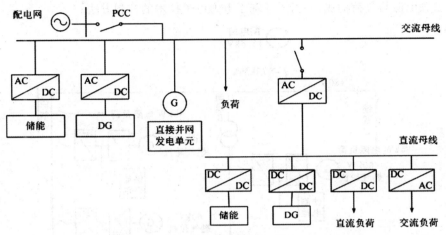

**图 1-17 交直流混合微电网结构**

### 1.3.2.4 按资源条件和应用场合分类

我国微电网按资源条件和应用场合可以分为以下两类。

（1）独立微电网。独立微电网可分为沿海岛屿微电网及偏远地区微电网。

1）沿海岛屿微电网主要分布在辽宁、山东、浙江、福建和广东，该微电网中的分布式电源主要技术类型为风电、光伏发电、垃圾发电和燃油机组。

2）偏远地区微电网主要分布在西藏、甘肃南部、青海、云南、内蒙古和新疆，其分布式电源主要技术类型为风电、光伏发电、小水电和燃油机组。此类微电网的示范主要针对大电网未覆盖地区。

（2）联网微电网。联网微电网的特点是微电网内部电力电量基本平衡，既可联网运行也可以脱网孤岛运行。从运营模式来看，又可以分为电网运营模式和独立运营模式两种。

# 1.4 微电网的发展现状与发展前景

## 1.4.1 微电网的国外发展现状

### 1.4.1.1 美国微电网的发展现状

美国电力可靠性技术解决方案协会 CERTS 最早提出了智能微电网的概

念,并且是众多智能微电网概念中最权威的一个。其提出的微电网典型结构如图 1-18 所示。其主要由基于电力电子技术且容量小于或等于 500kW 的小型微电源与负荷构成,并引入了基于电力电子技术的控制方法。

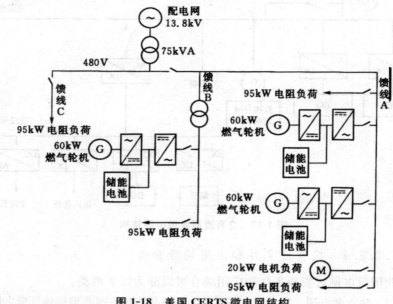

图 1-18  美国 CERTS 微电网结构

以通用电气公司 GE 为代表的制造商、高等院校等也开展了很多分布式发电与微电网的研究工作。2008 年 GE 与美国能源部共同资助了"GE 全球研究"计划,开发了一套微电网能量管理系统 MEMS,GE 微电网及 MEMS 系统结构如图 1-19 所示。实现了电能和热能的优化控制、微电网接入公用电网的并网控制以及对间歇性清洁能源发电的管理。

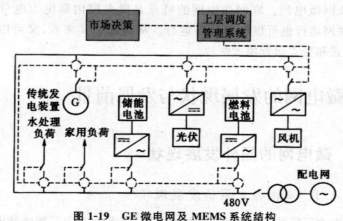

图 1-19  GE 微电网及 MEMS 系统结构

在软件开发领域中,由劳伦斯伯克利国家实验室(LBNL)的研究人员建立的分布式能源客户适用模型(DER-CAM),具有预测和优化能力,并能够减少单个客户或微电网采用分布式发电和热电联产时的经营成本。基于特定地点负荷(地暖、热水、煤气、冷却和电力)和价格信息(电价、燃料成本、运行和维护成本等),该模型在分布式发电和热电联产技术方面进行经济性决策,以决定用户应该采取怎样的技术以及如何使用该技术。DER-CAM的示意图如图1-20所示,该模型已在国际上使用了大约10年。

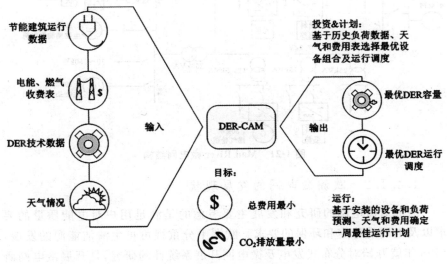

图1-20　DER-CAM功能模型

美国很多高校也都参与了微电网技术的研究。霍华德大学同Pareto能源公司签署了一则协议,投资1500万~2000万美元研发一套能为校园发电、供暖和制冷的装置。加利福尼亚州圣迭戈大学在校园建设了微电网,安装了2台单机容量13.5MW的燃气涡轮机,1台3MW的蒸汽机和一套1.21kW的光伏发电装置,可满足学校82%的电力需求。

美国国防部也积极推行可再生能源设备安装,在其军事装备上部署安装可再生能源设备,并在阿拉斯加州、加利福尼亚州、亚利桑那州、墨西哥湾军港等军事基地附近建设微电网,提高军事基地供电可靠性。

此外,其他一些机构也开展了研究。例如,美国配电企业联合会(Distribution Utility Associates)开展了一项名为Distributed Utility Integration Test的科研项目,对分布式发电整合于配电系统的可行性和价值进行了试验研究。DTE Energy电力公司重点开展了分布式发电对配电系统影响的量化分析、微电网电压与谐波分析以及故障分析。

为了开展微电网技术验证,美国建立了一系列微电网实验室及试点工程。例如,由美国北部电力系统承建的 Mad River 微电网是美国第一个微电网试点工程,其结构如图 1-21 所示。

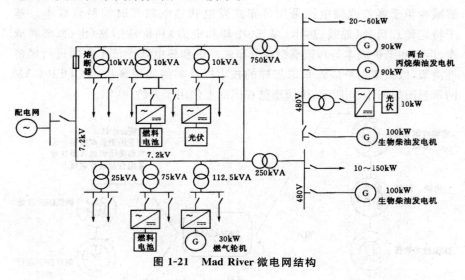

图 1-21　Mad River 微电网结构

### 1.4.1.2　欧洲微电网的发展现状

欧洲对微电网的研究和发展主要考虑的是满足用户对电能质量的要求以及电网的稳定和环保的要求。欧洲十分重视可再生清洁能源的发展,1998 年就开始对分布式发电及微电网开展系统性的研究,是开展微电网研究和示范工程较早的地区。与 CERTS 微电网不同,欧盟允许微电网向主网输出电力。图 1-22 所示为欧盟提出的微电网模型。

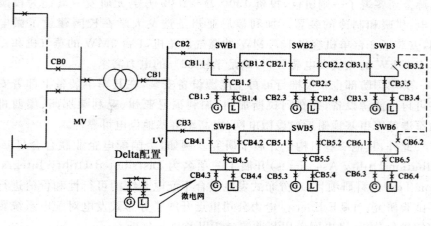

图 1-22　欧盟微电网模型

CB—断路器;SWB—开关板;G—微电源;L—负荷;MV—中压;LV—低压

欧洲分布式供电与微电网技术的研究主要依托欧盟科技框架计划开展,其第五、六、七、八框架计划中资助了多个科研项目,参与方包括高校、制造商(ABB、西门子等)、电力公司。

在开展研究的同时,欧洲部分国家建设了微电网实验室和试点工程。如位于德国曼海姆市(Manheim)的微电网项目,其结构如图 1-23 所示。Manheim 微电网建设在居民区内,目的是鼓励居民参与到负荷管理中,并衡量微电网的经济效益,从而为微电网运行导则的制定提供支撑。此外,丹麦 Bornh. olm 微电网是中压微电网工程,为波罗的海中一个小岛屿的28000 户居民提供电力,该工程主要用于微电网有功和无功平衡、黑启动和重新并网等技术的研究与示范。

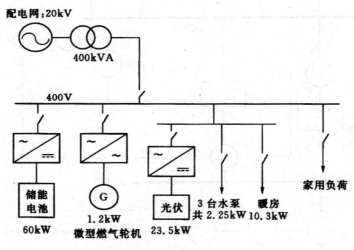

**图 1-23 Manheim 微电网结构**

### 1.4.1.3 日本微电网的发展现状

日本微电网发展立足于解决国内能源日益紧缺、负荷日益增长等问题。微电网研究和试点定位于解决能源供给多样化、减少污染、满足用户的个性化电力需求。日本的微电网强调分布式发电类型的多样化。

日本微电网技术的应用研究由日本新能源与工业技术发展组织(New Energy and Industrial Technology Development Organization,NEDO)主导,协调高校、科研机构和企业开展。NEDO 在微电网研究方面已取得了一些成果。

日本采用的微电网结构如图 1-24 所示。日本微电网的架构允许燃气轮机等旋转发电设备电力直接进入微电网同步运行。目前,日本的微电网研究集中在负荷跟踪能力、电能质量监控、电力供需平衡、经济调度以及孤岛稳定运行等方面。日本的微电网不具备"即插即用"的功能，而是强调分布式电源类型的多样化。

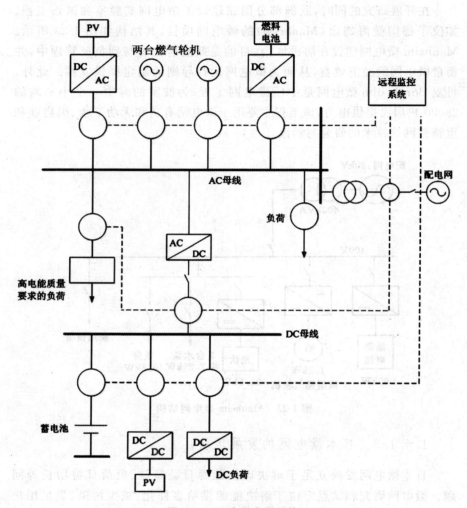

**图 1-24　日本微电网结构**

日本新能源与工业技术发展组织推广了几个相关的电网互联的项目，如图 1-25 所示。这些项目中包含两个微电网并网项目。2010 年后，NEDO推动了几个国际上的微电网项目：新墨西哥智能电网项目，包括两个配电网级微电网和两个客户级微电网；法国的里昂微电网项目，主要用于城市重建中的零能源建筑、电动汽车共享、能源审计示范；西班牙的马拉加微电网项目，主要用于电动汽车充电设施和汽车导航系统；美国的新墨西哥 Los

Alamos 国家实验室和阿尔伯克基微电网示范项目;美国的 Maui 岛微电网项目,可直接控制电动汽车,吸收剩余可再生能源;中国的共青城微电网项目,主要用于能源保护、城市规划中可再生能源的发展。

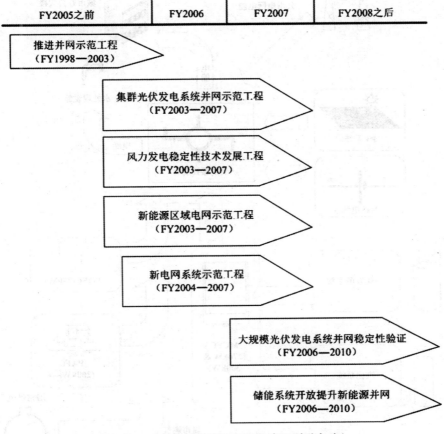

图 1-25　NEDO 的并网项目(FY 表示财政年度)

　　日本爱知微电网项目中供电系统是由燃料电池、光伏电池和电池系统组合而成,均装配有逆变器。项目的供应系统图如图 1-26 所示。该微电网系统的主要电力来源是燃料电池和光伏系统。燃料电池主要包括熔融碳酸盐燃料电池(MCFC)、固体氧化物燃料电池(SOFC)和磷酸酸性燃料电池(PAFC)。光伏系统采用多晶硅、非晶硅和单晶硅双面电池。

　　八户市微电网项目所构建的微电网的一个独特方面是,采用了长度超过 5km 的专用配电线路用来传输电力。从污水处理厂到市政厅的系统的完整接线图如图 1-27 所示。这个污水处理厂安装 3 台 170kW 的燃气发电机和一个 100kW 的光伏系统。还安装了一台 50kW 的逆变器为光伏系统补偿三相负荷的不平衡。因为热能供应不足,污水处理厂利用了微生物产生的分解性气体,安装了木材废料蒸汽锅炉。

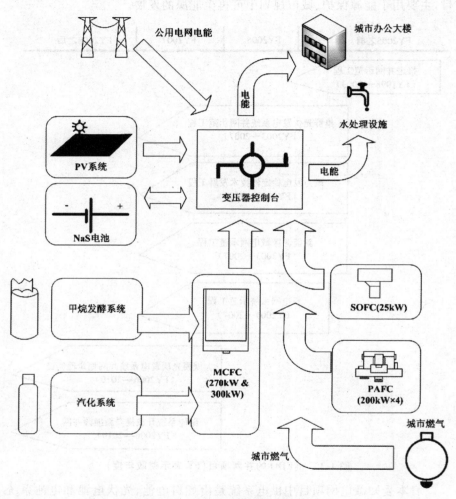

**图 1-26 日本爱知项目示意图**

此外,加拿大、澳大利亚等国也展开了智能微电网的研究。智能微电网的形成与发展绝不是对传统集中式、大规模电网的革命与挑战,而是代表电力行业服务意识、能源利用意识、环保意识的一种提高与改变。智能微电网是未来电网实现高效、环保、优质供电的一个重要手段,是对大电网的有益补充。

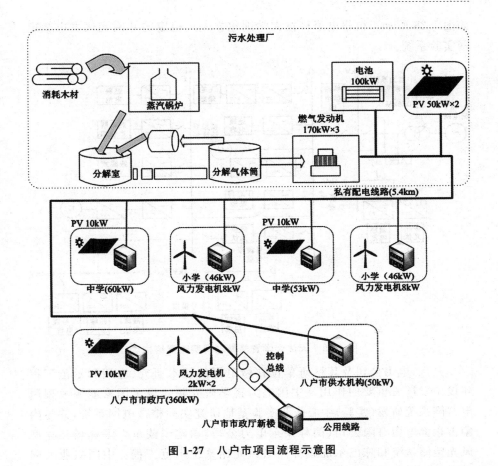

图 1-27　八户市项目流程示意图

## 1.4.2　微电网的国内发展现状

国内对微电网的研究最先由国内高等院校展开。清华大学与 TOSHI-BA、AREVA 等国际知名电力设备生产企业合作,开展微电网分析与控制方面的研究,主要包括微电网数学模型、微电网仿真分析计算方法、微电网运行控制策略等,并利用清华大学电机系电力系统和发电设备安全控制和仿真国家重点实验室的硬件条件,建设包含可再生能源发电、储能设备和负荷的微电网试验平台。合肥工业大学建设了国内最早的微电网实验平台,进行了微电网的优化设计、控制及调度策略等研究。天津大学是国内较早开展分布式发电与微电网技术研究的高校,开展了微电网/分布式发电规划设计、含分布式发电的配电网运行控制保护、微电网运行管理等方面的研究,建立了电源类型丰富、功能齐全的微电网实验系统,实验室结构如图 1-28 所示。杭州电子科技大学则建立先进稳定的并网光伏发电微电网实验系统。

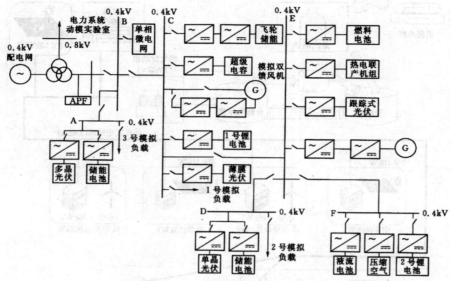

**图 1-28 天津大学智能微电网实验室结构**

其次,电力公司及其科研单位在微电网的技术研究、应用和示范工程建设中发挥着重要的作用。中国电力科学研究院建设了国家能源大型风电并网系统研发(实验)中心张北实验基地研究实验楼微电网系统,并与内蒙古东部电力有限公司(简称蒙东电力公司)承建了蒙东太平林场独立型风光柴储系统和陈巴尔虎旗并网型风光储系统示范工程。中国兴业太阳能技术控股有限公司在广东珠海东澳岛建立了兆瓦级独立型风光柴储系统,以解决实际用电困难等问题。南方电网在微电网技术研究和工程建设方面开展了一定的工作,并计划在西沙群岛建设兆瓦级智能微电网示范项目。

例如,浙江温州北麂岛建立的独立微电网项目,采用 1.274MW 光伏、0.8MW·h 磷酸铁锂电池、5.8MW·h 铅酸电池、1000kW 柴油发电机组成,采用双端多个分布式发电子系统技术,储能混合调配,大大延长蓄电池的使用寿命,可有效提高投资回报率和运行经济性。

山东长岛建立的并网微电网项目,采用 300kW·h 磷酸铁锂电池、300kW·h 铅酸蓄电池、1.2MW 柴油发电机构成,保证对重要负荷的连续供电,降低停电经济损失,提高长岛电网的供电能力和可靠性。

福建湄洲岛建立的并网微电网项目,由 2MW·h 磷酸铁锂电池,远期规划 48MW 风电、16MW 光伏构成,旨在提高全岛供电可靠性和电能质量,为打造绿色智慧城市树立典范。

国内微电网的研究成果与国外相比,仍然存在较大差距,不仅没有统一、规范的技术标准,没有成熟的保护控制技术,而且对电力电子技术的应用水平不高,导致运行成本高。

## 1.4.3　微电网的发展前景

微电网是实现主动式配电网的一种有效方式,微电网技术能够促进分布式发电的大规模接入,有利于传统电网向智能电网的过渡。作为国际电力系统一个前沿研究领域,微电网技术以其灵活、环保、高可靠性的特点被欧盟和美国能源部门大力发展,今后必将在我国得到广泛应用。

(1) 智能微电网更加智能化。由于先进的信息技术和通信技术的支持,电力系统将向更加灵活、清洁、安全及经济的"智能电网"方向发展。

1) 控制智能化。未来的智能微电网系统可以实现运行控制的智能化,例如,能实现分布式电源的即插即用式的智能化运行与控制。

2) 其他智能化。智能微电网系统可以实现对大电网故障的智能化检测以及智能微电网系统内部的故障检测,甚至有故障自治、自愈的智能化控制等功能。

3) 优化能源。与传统的集中式能源系统相比,微电网中的各种分布式发电和储能装置的使用实现了节能减排,极大地推动了可持续发展战略。

(2) 智能微电网更加集成化、规模化。根据国内外所进行的大量的智能微电网示范项目的实践,可以看出,智能微电网从比较单一的、小型的体系结构向复杂的、大型的智能微电网方向发展演化。

在多级智能微电网中,每个智能微电网都是独立运行的,不仅可以自身及连带下级智能微电网一起孤岛运行,还可以与上级智能微电网或大电网并网运行。这种积木式的结构具有良好的可扩充性。

此外,智能微电网群、电力互联网等概念,将随着分布式发电及智能微电网的发展,逐步成为现实。

# 第2章　微电网与分布式发电技术

微电网作为电网中的一个可控单元,对用户侧而言,其可以满足供电需求,降低馈线损耗,保持电压稳定。分布式电源是微电网的基本组成部分,微电网的控制依赖于对分布式电源的控制。适用于微电网应用的分布式电源主要包括光伏发电、风力发电、燃料电池发电、微型燃气轮机发电等。

## 2.1　概　述

微电网是新型电力电子技术与分布式发电、可再生能源发电技术和储能技术的有机结合。微电网应用场景诸多,下面介绍其中常见的几类。

(1) 农牧地区。我国幅员辽阔、地形复杂,拥有广袤的高原、无垠的戈壁、绵延的深山,存在大量地处偏远的农牧地区,这些地区自然条件恶劣,用电负荷分散,远离发电厂、变电站等电源点,供电线路铺设困难,成本高昂。即使已实现供电的农牧地区,由于处在配电网末端,电能质量较差,电网相对脆弱,易受突发事件影响,供电可靠性较低。随着我国新农村建设的推行,农村用电负荷快速增长,农牧地区供电能力不足以及运行维护成本高的问题进一步显现。

农牧地区地域广阔,可再生能源丰富,发展新的供电形式来充分利用农牧地区的资源,可以解决农牧地区供电能力不足的问题。根据农牧地区分布式能源结构特点,因地制宜地发展和建设农牧地区微电网,是促进农村可再生能源规模化利用,提高农村供电能力的有效措施。

(2) 商业楼宇。建筑耗能在能源消费总量中占了大约三成,目前包括我国在内的很多国家把建筑节能作为一项基本国策并给予高度关注。大型商业楼宇负荷包括照明、新风、制冷、供热、电梯等,应用微电网技术可以将分布式可再生能源与商业楼宇节能有机结合,对发电、用电和储能等多个环节进行能量管理,使商业楼宇从单纯的能源消费者转变成能源系统的参与者。以楼宇为场所建设的微电网由分布式发电、储能装置、楼宇负荷及相关监控装置组成,具有灵活运行和调度能力,可实现楼宇内各个组成部分的协调运行。

（3）厂矿企业。厂矿企业是国内用电大户，工业用电电价较高，一方面，一般采用峰谷电价计费机制，生产企业存在大量冲击性、非线性、不平衡性负荷，容易使配电系统出现谐波与波动等电能质量问题，甚至对大电网造成严重污染，可能导致厂矿企业设备温升过高、绝缘老化、产品不合格等不良后果；另一方面，厂矿企业往往拥有大面积的空闲屋顶或地面，可以安装分布式光伏、风电等可再生能源发电设备，还可以应用柴油机、微型燃机等自备发电设备，甚至可以满足冷、热、电等多种供能需求等。因此，建设面向工矿企业的冷热电联产微电网，合理配置储能储热，在靠近负荷侧消纳可再生能源，根据峰谷电价对电能进行合理调度，实现厂矿企业用能的优化管理和控制，具有重要的现实意义。

# 2.2　光伏发电系统

光伏发电是将太阳能直接转化为电能的一种发电形式。太阳能光伏（PV）发电系统利用免费的、取之不尽、用之不竭的太阳能进行发电。

## 2.2.1　光伏发电基本原理

光伏发电是将太阳光能直接转换为电能的一种发电形式。光伏发电原理如图 2-1 所示。PN 结两侧因多数载流子（$N'$ 区中的电子和 P 区中的空穴）向对方的扩散而形成宽度很窄的空间电荷区 W，建立自建电场 $E_i$。它对两边多数载流子是势垒，阻挡其继续向对方扩散；但它对两边的少数载流子（$N'$ 区中的空穴和 P 区中的电子）却有牵引作用，能把它们迅速拉到对方区域。稳定平衡时，少数载流子极少，难以构成电流和输出电能，但是，光伏电池受到太阳光子的冲击时，会在光伏电池内部产生大量处于非平衡状态的电子——空穴对，其中的光生非平衡少数载流子（即 $N'$ 区中的非平衡空穴和 P 区中的非平衡电子）可以被内建电场 $E_i$ 牵引到对方区域，然后在光伏电池中的 PN 结中产生光生电场 $E_{pv}$，当接通外电路时，即可流出电流，输出电能。当把众多这样小的太阳能光伏电池单元通过串并联的方式组合在一起，构成光伏电池组件时，便会在太阳能的作用下输出功率足够大的电能。

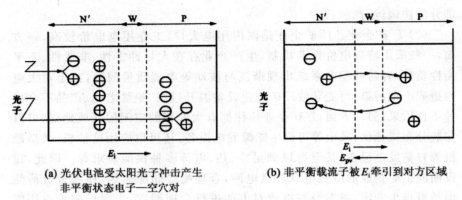

(a) 光伏电池受太阳光子冲击产生
非平衡状态电子—空穴对

(b) 非平衡载流子被 $E_i$ 牵引到对方区域

图 2-1 光伏发电原理

## 2.2.2 光伏发电控制策略

光伏并网控制主要涉及两个闭环控制环节：①功率点控制；②输出波形控制。光伏阵列功率点控制相对是慢速的。波形控制要求快速，需要在一个开关周期内实现对目标电流的跟踪。

### 2.2.2.1 最大功率点控制

光伏阵列功率输出特性具有非线性特征，受太阳辐照度、环境温度和负载情况影响。在一定的太阳辐射度和环境温度下，光伏阵列可以工作在不同的输出电压，但是只有在某一输出电压值时，光伏阵列的输出功率才能达到最大值，这时光伏阵列的工作点就达到了输出功率——电压曲线的最高点，称为最大功率点（Maximum Power Point，MPP）。因此，在光伏发电系统中，要提高系统的整体效率，一个重要的途径就是实时检测光伏阵列的输出功率，通过一定的控制算法预测当前工况下阵列可能的最大功率输出，从而改变当前的阻抗情况，调整光伏阵列的工作点，使之始终工作在最大功率点附近，这一过程就称为最大功率点跟踪（Maximum Power Point Tracking，MPPT），相应的技术称为最大功率点跟踪技术。

光伏阵列电压、电流的输出特性如图 2-2 所示。假定图中曲线 1 和曲线 2 为不同太阳辐照度下光伏阵列的输出特性曲线，$A$ 点和 $B$ 点分别为相应的最大功率输出点；并假定某一时刻，系统运行在 $A$ 点。当太阳辐照度发生变化，即光伏阵列的输出特性由曲线 1 上升为曲线 2。此时如果保持负载 1 不变，系统将运行在 $A'$ 点，这样就偏离了相应太阳辐照度下的最大功率点。为了继续追踪最大功率点，应当将系统的负载特性由负载 1 变化至负载 2,以保证系统运行在新的最大功率点 B。同样,如果太阳辐照度变化使得光伏阵列的输出特性由曲线 2 变至曲线 1,则相应的工作点由 B 点变化至 B′点,应当相应地减小负载 2 至负载 1 以保证系统在太阳辐照度减小的情况下仍然运行在最大功率点 A。

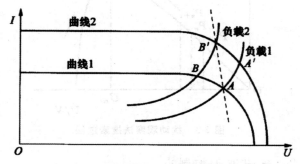

**图 2-2 光伏阵列电压、电流的输出特性**

下面介绍一种应用较广的 MPPT 控制策略——扰动观察法。

扰动观察法(Perturb and Observe,P&O)就是当光伏阵列正常工作时,不断地在工作电压上加入一个很小的扰动,在电压变化的同时,检测功率的变化,根据功率的变化方向,决定下一步电压改变的方向。若观测的功率增加,下一次扰动保持原来的扰动方向;若观测的功率减少,下一次扰动改变原来的扰动方向,如此循环,使光伏阵列工作在最大功率点处。

P&O 法先扰动光伏阵列输出电压值,再对扰动后的光伏阵列输出功率进行观测,表达式为

$$\begin{cases} P:U_{dc}(n)=U_{dc}(n-1)+s\,|\,\Delta U_{dc}\,| \\ O:\Delta P=P(n)-P(n-1)=I_{dc}(n)U_{dc}(n)-P(n-1) \end{cases}$$

式中:$U_{dc}(n)$ 为当前阵列电压采样;$I_{dc}(n)$ 为当前阵列电流采样;$s$ 为扰动方向;$\Delta U_{dc}$ 为电压扰动步长;$U_{dc}(n-1)$ 为前一次阵列电压采样;$P(n)$ 为当前计算功率;$P(n-1)$ 为前一次计算功率;$\Delta P$ 为功率之差。

与扰动之前功率值相比,若扰动后的功率值增加,则扰动方向 $s$ 不变;若扰动后的功率值减小,则改变扰动方向 $s$。

扰动观察法搜索过程如图 2-3 所示,假设光伏阵列开始工作在 $P_n$ 点,设置一个扰动量 $\Delta U$,控制器通过检测前后两次功率值并进行比较,如果 $P_{n+1}>P_n$,即输出功率增加,则可以确定扰动方向正确,按原来方向继续扰动,直到最大功率点 $P_m$ 附近;如果 $P_{n+1}<P_n$,即输出功率减小,系统工作于 $P'_{n+1}$ 处,则可以确定扰动方向错误,需要按照相反方向进行扰动。无论系统工作在 $P_m$ 左侧还是右侧,通过扰动调节,系统最终会工作在最大功率点 $P_m$ 附近,由于扰动量的存在系统最终会在 $P_m$ 附近振荡,系统跟踪效果

的好坏与扰动量的大小密切相关。

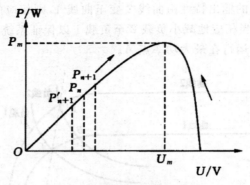

图 2-3　扰动观察法搜索过程

### 2.2.2.2　输出波形控制

光伏并网逆变器的作用是将光伏电池产生的直流电能变换成与公共电网同频同相位的交流电,然后并入电网。可将电网视为逆变器负载,假设三相平衡,其并网的原理可以用单相描述(以 A 相为例)。

光伏逆变器并网控制原理图如图 2-4 所示。图中,$\dot{E}_a$ 是逆变桥交流侧电压,$\dot{U}_a$ 是电网电压,$\dot{I}_a$ 是逆变器并网电流,逆变器内部阻抗用 $j\omega L$ 和 $R$ 表示。根据图 2-4 中电压、电流的参考方向,可以得到图 2-5~图 2-7 所示的系统运行在不同状态下的相量图。

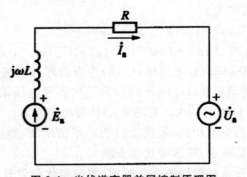

图 2-4　光伏逆变器并网控制原理图

如图 2-4~图 2-7 所示,$\dot{I}_a$ 与电网电压 $\dot{U}_a$ 同相位时,光伏逆变器只发出有功功率;$\dot{I}_a$ 超前电网电压 $\dot{U}_a$ 时,光伏逆变器发出有功功率的同时,发出一定无功功率;$\dot{I}_a$ 滞后电网电压 $\dot{U}_a$ 时,光伏逆变器发出有功功率的同时,吸收一定无功功率。

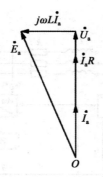

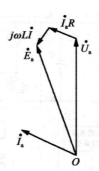

图 2-5　光伏并网系统只发有功相量图　图 2-6　并网系统发出无功相量图

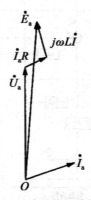

图 2-7　系统吸收无功相量图

　　控制逆变器并网电流可以使光伏逆变器运行在不同的工作状态。通过电流互感器采集交流侧电流,逆变器控制器对晶闸管进行 PWM 控制改变逆变桥交流侧电压的幅值和相位,进而改变并网电流的幅值和相位,实现对并网电流的闭环控制是逆变器控制的基本原理。

　　图 2-8 给出了光伏逆变器的控制框图,主要包括最大功率点跟踪、坐标变换、PI 控制器等部分。$dq$ 解耦控制是三相光伏并网系统常用的控制策略。在同步旋转 $dq$ 坐标系下,并网电流由交流量变为直流量,通过 $PI$ 控制可以消除电流稳态跟踪误差,实现对 $dq$ 轴电流的解耦控制。

　　其工作原理如下:光伏逆变器控制系统对电网电压和并网电流采样,通过锁相环计算坐标变换角度 $\theta$。根据功率控制要求给出 $q$ 轴参考电流 $i_q^*$,$MPPT$ 给出 $d$ 轴参考电流 $i_d^*$,$dq$ 轴参考电流 $i_d^*$、$i_q^*$ 与实际 $dq$ 轴电流 $i_d$、$i_q$ 比较后送入电流控制器进行控制,电流控制输出经过调制产生 $PWM$ 驱动波形,实现并网控制。

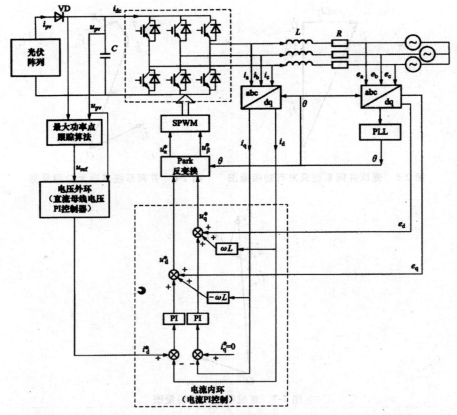

图 2-8　光伏逆变器控制框图

# 2.3　风力发电系统

　　风能是由大气运动而形成的一种能源形式,其能量来源于大气所吸收的太阳能。太阳辐射到地球的能量中大约 20% 转变成为风能。初步探明我国 10m 低空范围内的陆上风能资源约为 2.53 亿 kW,近海风能约为 7.5 亿 kW,总计约 10 亿 kW。如扩展到 50～60m 高度,风能资源将至少增加 1 倍。

　　风力发电机组是一种将风能转化为电能的能量转换装置,主要包括风力机和发电机两大部件。流动的空气作用在风力机风轮上,推动风轮转动,将空气动能转化为风轮旋转机械能。风轮的轮毂与风力机轴固定,通过传动机构驱动发电机轴及转子转动。发电机将机械能转化为电能输送给电力系统或负荷使用。图 2-9 所示为风力发电工作过程。

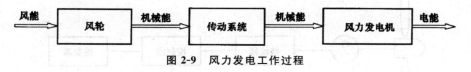

风能　风轮　机械能　传动系统　机械能　风力发电机　电能

图 2-9　风力发电工作过程

## 2.3.1　风力发电机分类

### 2.3.1.1　根据风力发电运行方式分类

根据风力发电运行方式,风力发电系统可分为离网(独立)型风力发电系统和并网型风力发电系统。其原理是通过叶轮将空气流动的动能转化为机械能,再通过发电机将叶轮机械能转化为电能。

(1)离网(独立)型风力发电系统。独立运行的风力发电机组,不与电网相连,结构比较简单,单独向家庭或村落供电。多用于边远农村、牧区和海岛等不方便联网供电地区,还可与柴油发电机、光伏发电等联合运行,为居民提供生活和生产所需用电。早期的小容量风力发电设备一般采用小型直流发电机,经蓄电池储能装置向电阻性负荷(如照明灯)供电。目前多采用交流发电机,输出电能经整流器后,通过控制器向蓄电池充电同时带动直流负荷,如图 2-10 所示。如为交流负荷供电,则需在控制器后增加逆变器,如图 2-11 所示。

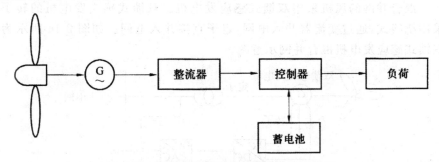

图 2-10　带直流负荷的独立型风力发电系统

(2)并网型风力发电系统。并网运行方式即风力发电机组与电网相连,向电网输送电能,使电网上的用户能够享受到绿色能源,多用于大中型风力发电系统中。

直接并网的风机采用异步发电机,风机发出的交流电直接并入电网。如图 2-12 所示为异步发电机直接并网示意图。

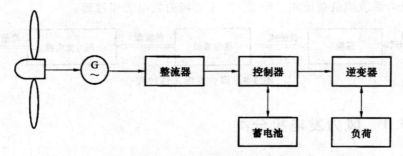

**图 2-11　带交流负荷的独立型风力发电系统**

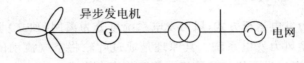

**图 2-12　异步发电机直接并网示意图**

　　变流器并网的风机采用同步发电机,风机发出的变化频率的交流电通过变流器转变成工频交流电并入电网。如图 2-13 所示为同步发电机变流器并网示意图。

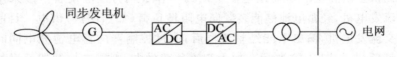

**图 2-13　同步发电机变流器并网示意图**

　　混合并网的风机采用双馈式感应发电机。双馈式感应发电机的转子采用绕线式,通过变流器并入电网,定子直接并入电网。如图 2-14 所示为双馈式感应发电机混合并网示意图。

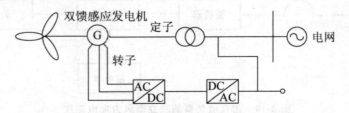

**图 2-14　双馈式感应发电机混合并网示意图**

### 2.3.1.2　根据叶片工作原理分类

　　按照叶片的工作原理,风力发电机组可分为升力型和阻力型风力机。利用风力机叶片翼型的升力实现风力机工作的,称为升力型风力机,其叶轮所受作用力在叶片上与相对风速垂直;利用空气动力的阻力实现风力机工作的,称为阻力型风力机。图 2-15 所示为风力机叶片翼型产生升力和阻力示意图。

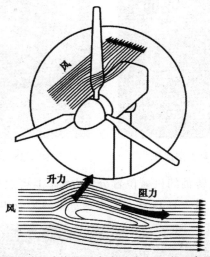

**图 2-15　叶片翼型产生升力和阻力示意图**

对于水平轴风力机,采用升力型叶片时,旋转速度快,采用阻力型叶片旋转速度慢。对于垂直轴风力机,也可分为升力型和阻力型。升力型垂直轴风力机的风轮转矩由叶片的升力提供,如达里厄式(俗称打蛋机)风机。阻力型的风轮转矩则是由两边物体阻力不同形成。如采用平板和杯子做成的风轮,都属于阻力型风机。另有 S 形风机,具有部分升力,主要依靠阻力旋转。三种风机类型如图 2-16~图 2-18 所示。由于阻力型风机的气动力效率远小于升力型,且对于给定的风力机质量和成本,升力型风机具有较高的功率输出。故升力型风机是当前风力发电机的主流。

**图 2-16　达里厄式风机**

图 2-17　阻力型风机　　　　　　　图 2-18　S 形风机

　　此外,根据风机转轴的机械位置分类,大体上可以分为两大类:一类为水平轴风力发电机(图 2-19),另一类为垂直轴风力发电机(图 2-20)。

图 2-19　水平轴风力发电机

图 2-20　垂直轴风力发电机

## 2.3.2　风力发电控制策略

双馈异步风电机组因其励磁变频器容量小、造价低、可实现变速恒频运行等优势成为风电机组的主流机型。本节以变速/恒频风电机组为例，研究其控制策略。根据风况的不同，交流励磁变速恒频风电机组的运行可以划分为三个区域，如图 2-21 所示。三个运行区域的控制手段和控制任务各不相同。

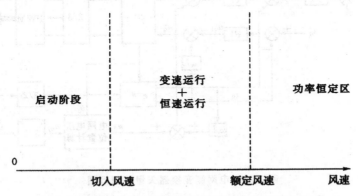

**图 2-21　与风况对应的变速/恒频风力发电机运行区域**

双馈风力发电系统采用背靠背式双 PWM 变流器，网侧变流器通常以保证直流环节电压稳定和网侧单位功率因数为控制目标。变频器的两个 PWM 变换器的主电路结构完全相同，在转子不同的能量流向状态下，交替实现整流和逆变的功能，在分析中只需要区分为电网侧变换器和转子侧变换器。电网侧变换器矢量控制框图如图 2-22 所示。其中，$u_{abc}$ 表示并网逆变器三相交流电压；$i_{abc}$ 表示并网逆变器三相交流电流；$u_d$ 表示网侧电压在 $d$ 轴分量的参考实际值；$u_\alpha^*$、$u_\beta^*$ 分别为逆变器输出电压 $\alpha$、$\beta$ 轴分量的参考值；$i_d$、$i_q$ 分别为并网逆变器交流电流 $d$、$q$ 轴分量实际值；$i_d^*$、$i_q^*$ 分别为并网逆变器交流 $d$、$q$ 轴分量参考值；$u_{d1}$、$u_{q1}$ 分别为经 PI 运算后 $d$、$q$ 轴电压调节量；$u_d^*$、$u_q^*$ 逆变器输出电压 $d$、$q$ 轴分量的参考值；$u_{ey}$ 为电网电压经 3/2 变换后分量参考值；$\theta_e$ 为电网电压位置角度；$u_{dc}$ 为直流母线侧电压实际值，$u_{dc}^*$ 为直流母线电压给定值；$L$ 为交流侧耦合电感。

图 2-22 中采用了同步旋转坐标系结构，其中电压外环用于控制变换器的输出电压，电流内环实现网侧单位功率因数正弦波电流控制。同步旋转坐标变换将三相对称的交流量变换成同步旋转坐标系中的直流量，因此电流内环采用 PI 调节器即可取得无静差调节。直流母线电压给定值 $u_{dc}^*$ 与

实际值 $u_{dc}$ 之间差值在 PI 调节器作用下,所得电流 $i_d^*$ 与计算所得电流实际值 $i_d$ 之间差值经 PI 调节器作用后,为逆变器输出电压提供参考分量 $u_{d1}$。无功电流的运算与上面相似,最终得出输出电压参考分量 $u_{q1}$。同时,根据逆变器出口滤波电感参数 $L$,计算 $d$、$q$ 轴电压耦合分量 $\omega_e L i_d$、$\omega_e L i_q$,通过叠加,得到逆变器输出电压参考值 $u_d^*$、$u_q^*$,再经过坐标变换,将其转化为三相 $a$、$b$、$c$ 坐标分量,对变换器进行控制。

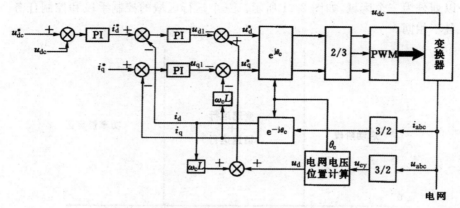

**图 2-22 电网侧变换器矢量控制框图**

# 2.4 燃料电池发电系统

## 2.4.1 燃料电池的工作原理

燃料电池实质上是一种电化学装置,将燃料和空气分别送进燃料电池,然后生成电能。其组成与一般蓄电池类似,主要由阳极、阴极和电解质组成。阳极相当于负极,即燃料电极;阴极相当于正极,即氧化剂电极。不同之处在于:一般蓄电池是将活性物质储存在电池内部,因此电池容量有限;而燃料电池的阳极、阴极本身不包含任何活性物质,只是一个催化转换装置,其燃料和氧化剂由外部供给。因此燃料电池并不能"储电",而是一个将化学能转化为电能的"发电厂"。

由于燃料电池中可采用的电解质种类很多,不同类型的燃料电池发生的电化学反应也不一样。下文以酸性燃料电池为例来说明燃料电池的工作原理。

图 2-23 所示为燃料电池工作原理图。工作时,向燃料电池的阳极供给

燃料($H_2$ 或其他燃料),阴极供给氧化剂(空气或 $O_2$)。$H_2$ 在阳极分解,释放出电子并产生氢离子(也叫作质子)。氢离子进入电解质中,而电子则沿外部电路移向阴极。在阴极上,氧结合电解质中的氢离子以及电极上的电子形成水。电子经外部电路从阳极向阴极移动的过程形成电流,接在外部电路中的用电负载即可获取电能。

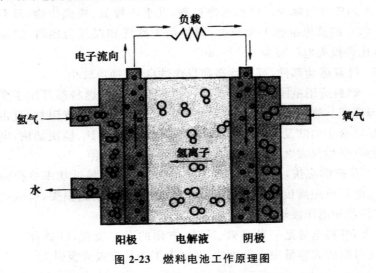

图 2-23　燃料电池工作原理图

电池单元输出电流大小由电流密度和面积决定。通过多个单元的串并联,构成燃料电池电堆,得到满足负载需求的电压与电流。燃料电池系统除了电堆外,还必须配备燃料与空气处理、温度和压力的调节、水与热的管理以及功率变换等多个处理子系统。燃料电池发电系统工作时还需要配套系统,包括燃料存储供给系统、排热排水系统以及安全系统等。

燃料电池的输出电压范围很宽,且远低于用户端所需的 220V 交流电压峰值,因此燃料电池发电系统一般采用 DC/DC+DC/AC 两级拓扑结构。燃料电池的动态响应具有一定的延时,负载快速地变化会对燃料电池造成损害,进而影响燃料电池的性能和工作寿命。因此燃料电池发电系统需要配置一个辅助的能量缓冲单元(超级电容),实现燃料电池动态特性与负载匹配。

## 2.4.2　燃料电池的特点

原则上燃料电池只要源源不断地输入反应物、排出反应产物,就能连续地发电,当供应中断时,发电过程就会结束。其输入的最主要燃料是氢

气,输出的主要产物是水。与传统的发电技术相比,燃料电池具有如下特点:

(1)能量转化效率高。直接将燃料的化学能转化为电能,中间不经过燃烧过程,因而不受卡诺循环的限制。目前燃料电池系统的燃料—电能转换效率在 45%～60%,向火力发电和核电的效率在 30%～40%。

(2)污染排放物少。没有燃烧过程,几乎不排氮、硫氧化物,没有固体分成。$CO_2$ 的排出量也大大减少,即使用天然气和煤气为燃料,$CO_2$ 的排出量也比常规火电厂减少 40%～60%。

(3)没有运动部件,可靠性高和操作性良好,噪声极小。

(4)燃料适用范围广,建设灵活。很多能制氢的燃料都可用于燃料电池,资源广泛。燃料电池电站建设也很灵活,选址几乎没有限制,且占地面积小,很适合于内陆及城市地下应用。采用组件化设计、模块结构,电站建设工期短(平均仅需 2 个月左右),扩容和增容也很方便。

(5)负荷响应快,运行质量高。可在数秒钟内从最低功率变换到额定功率,且电厂可距离负荷很近,减少输变线路投资和线路损失,有效改善地区频率偏差和电压波动。

总之,燃料电池是一种高效、清洁、方便的发电装置,既适合于分布式发电,又可组成大容量中心发电站,对电力工业具有极大吸引力。

# 2.5 微型燃气轮机发电系统

微型燃气轮机(Microturbine)是一种新近发展起来的小型热力发动机。其结构和工作原理与大中型燃气轮机基本相似。其燃料类型多种多样,可以是低压或高压的甲烷、天然气等燃气,也可是柴油、汽油、煤油等燃油。技术上主要采用径流式叶轮机械及回热循环。

## 2.5.1 微型燃气轮机结构

微型燃气轮机根据采用的结构不同分为单轴(single-shaft)结构微型燃气轮机和分轴(split-shaft)结构微型燃气轮机两种类型。

下面以单轴结构微型燃气轮机为例,介绍微型燃气轮机发电系统构成。如图 2-24 所示,燃气轮机有三个基本部件:压气机、燃烧室和涡轮(turbine)。

**图 2-24　燃气轮机剖面图**

1—负载联轴器；2—轴向/径向进气缸；3—径向轴承；4—压气机动叶；
5—压气机中缸；6—刚性前支撑；7—轮盘；8—拉杆式结构；9—进气缸；
10—水平中分面；11—燃烧室前板；12—反向流燃烧室；13—燃料分配器；
14—燃烧室火焰筒；15—冲击冷却燃烧室过渡段；16—第一级喷嘴；
17—第一级静叶护环；18—涡轮动叶；19—排气护压器；20—排气缸热电偶

压气机：空气从进气口进入，通过压气机叶片将其压力和温度升高。

燃烧室：高压空气与周围喷入的天然气混合点火燃烧，使气体燃烧受热后产生剧烈膨胀。

涡轮：受热膨胀气体进入涡轮区逐级推动叶片转动，叶片转动后带动电动机转子转动。

## 2.5.2　微型燃气轮机发电原理

微型燃气轮机工作原理示意如图 2-25 所示，周围环境空气进入压气机，经过轴流式压气机，将空气压缩到较高压力，空气的温度也随之上升。经压缩的高压空气被送入燃烧室，与喷入燃烧室的燃料进行混合并燃烧，产生高温高压的烟气。高温高压烟气导入燃气透平膨胀做功，推动透平转动，并带动压气机及发电机高速旋转，实现了气体燃料的化学能转化为机械能和电能。在简单循环中，透平发出的机械能有 1/2～2/3 用来带动压气机。在燃气轮机启动的时候，首先需要外界动力，一般是启动机带动压气机，直到燃气透平发出的机械功大于压气机消耗的机械功，外界启动机脱扣，燃气轮机才能独立工作。

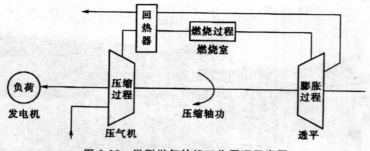

图 2-25  微型燃气轮机工作原理示意图

# 2.6  储能系统

## 2.6.1  储能的种类及性能

在微电网技术中,储能技术可以很好地解决电能供需不平衡问题。储能技术按照其具体方式可分为物理、电磁、电化学等类型。下面分别进行分析讨论。

### 2.6.1.1  物理储能

(1)抽水蓄能。抽水蓄能电站如图 2-26 所示。抽水蓄能是目前电力系统中容量最大的储能方式。由于抽水蓄能电站需要建在有一定落差的高低水库之间,对地理条件有特殊要求且建设周期长、投资大。虽然抽水蓄能方式在大电网表现出较好的经济性,但电站受安装位置、容量和投资成本限制,这种方式在微电网中实施难度较大。

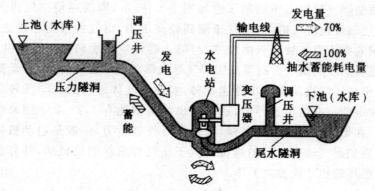

图 2-26  抽水蓄能电站

（2）压缩空气储能。指在电网负荷低谷期用电能压缩空气，将空气高压密封在报废矿井、储气罐、山洞、过期油气井或新建储气井中，在电网负荷高峰期释放压缩空气推动发电机的储能方式。建设压缩空气储能电站的关键是压缩空气的储存，目前最理想的是水封恒压储气站，它能保持输出恒压气体。压缩空气储能电站建设和运行成本较低，具有很好的经济性，场地受限少，储能规模可以持续数小时乃至几天，使用寿命长，安全可靠性高。目前研究人员正在研究将小型压缩空气储能系统应用于分布式发电和不间断电源（UPS），用来取代电池储能系统。图 2-27 所示为清华大学研制的非补燃压缩空气储能发电示范系统。

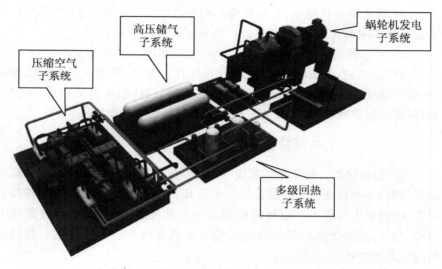

**图 2-27　非补燃压缩空气储能发电示范系统**

（3）飞轮储能。飞轮储能是一种机械储能形式，其原理如图 2-28 所示。电能经功率变换器驱动飞轮高速旋转，从而将能量以动能形式存储起来。储能多少与飞轮的质量、旋转速度有关。飞轮储能具有功率密度大、循环寿命长、维护简单、无污染等优点。

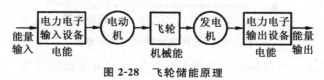

**图 2-28　飞轮储能原理**

### 2.6.1.2　电化学储能

电化学电池主要包括铅酸电池、钒电池、锂电池以及液流电池、钠硫电池、锌空电池等,其中铅酸电池在电力系统中应用较多。

(1) 铅酸电池。铅酸电池可作为产生电场的辅助电源、电网刀闸开合的动作电源、电网的小型 UPS 等。该电池技术成熟,成本低,储能容量可以扩展至兆瓦级。缺点是寿命短、维护量大、污染环境。

(2) 钠硫电池。钠硫电池比能量高,可大电流、高功率放电;所用材料便宜,并且没有毒性,具有广阔的发展前景。但钠硫电池也有不足之处,如钠硫电池只有达到 320℃ 的高温下才能运行,如果陶瓷电解质一旦破损,高温的液态钠和硫就会直接接触,发生剧烈的放热反应,产生 2000℃ 的高温,相当危险。另外,钠硫电池需在高温下运行,因此需要供热设备配合使用。

(3) 锂电池。比能量高,对环境影响小。和铅酸电池相比,锂电池的比能量和比功率都比较高,目前已经广泛应用于数码产品。

(4) 钒电池(Vanadium Redox Battery,VRB)。钒电池是一种活性物质呈循环流动的、液态的氧化还原电池,具有功率大、容量大、效率高、寿命长、响应速度快等优点。我国在液流电池关键材料(如离子交换膜、电极材料、高浓度电解液)以及工程放大技术等方面尚处于起步阶段。

### 2.6.1.3 电磁储能

(1) 超导储能。超导储能系统(SMES)是利用超导体制成的线圈储存磁场能量,功率输送时无须能源形式的转换,具有电磁响应速度快、转换效率高、比容量大等优点。超导储能和其他的储能技术相比,超导储能成本较高,此外,超导产生的强磁场对环境的影响也尚待进一步评估。其简化结构示意图如图 2-29 所示。

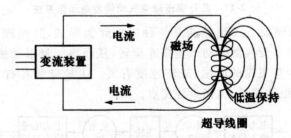

**图 2-29 超导储能简化结构示意图**

(2) 超级电容器储能。根据电化学双电层理论研制而成,可提供强大的脉冲功率,大多用于高峰值功率、低容量的场合。超级电容器储能示意图如图 2-30 所示。

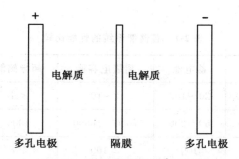

**图 2-30　超级电容器储能示意图**

超级电容器的充放电过程自始至终都是物理过程,并没有发生化学反应,因此,其性能稳定,工作可靠,其主要特点如下。

1）具有法级的电容量。

2）充放电循环寿命可达 10 万次以上。

3）脉冲功率比蓄电池高出近 10 倍。

4）有超强的荷电保持能力,漏电源极小。

5）能在−40～60℃的温度中正常使用。

6）充电迅速,使用方便,充电电路简单,无记忆效应。

7）无污染,且无维护之忧。

超级电容器安装简单,体积小,可在各种环境下运行（热、冷和潮湿）等。图 2-29 所示为超级电容器及其应用。但目前超级电容器储能成本相对较高。

**图 2-31　超级电容器及其应用**

## 2.6.2　储能的性能比较

表 2-1 列出了蓄电池、超级电容器、超导储能以及飞轮储能的性能

比较。

表 2-1　各储能系统的性能比较

| 元件名称 | 蓄电池 | 超级电容器 | 超导储能 | 飞轮储能 |
|---|---|---|---|---|
| 能量密度/(Wh/kg) | 20～100 | 1～10 | <1 | 5～50 |
| 功率密度/(W/kg) | 50～200 | 7000～18000 | 1000 | 180～1800 |
| 循环寿命/次 | 100 | >100 | 106 | 100 |
| 效率 η/% | 80～85 | >95 | 90 | 90～95 |
| 安全性 | 高 | 高 | 低 | 不高 |
| 维护量 | 小 | 很小 | 大 | 较大 |
| 对环境影响 | 污染 | 无污染 | 无污染 | 无污染 |
| 成本/p. u. | 1 | 8 | 20 | 4 |

## 2.6.3　储能在微电网中的作用

微电网的容量和惯性相对较小，易受到分布式电源和负载波动的影响，存在着电能输出间歇性和波动性大、网络潮流复杂、继电保护和稳定控制困难、电能质量较差等问题。储能可以解决微电网存在的上述问题。

### 2.6.3.1　主动致稳

储能通过功率变换装置，可快速平滑功率波动，实现对微电网电压和频率的调节控制，控制原理如图 2-32 所示，其作用相当于传统电力系统的一次调频，储能装置可以配置在系统振荡部位，对其进行精确补偿。

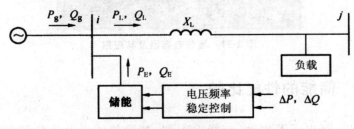

图 2-32　储能参与电压、频率稳定控制原理

### 2.6.3.2　优化微电源的运行

微电网中的微电源包括由光伏、风电等构成的新型微电源和由柴油发电机等构成的常规微电源。

光伏、风电等可再生能源发电受自然条件的影响较大,其输出功率往往具有较大的波动性和间歇性,功率输出不均匀,需要配置缓冲装置存储能量,以平滑可再生能源的输出功率,提高可再生能源发电装置的可控性,使其按照预测功率计划发电,提高微电网内可再生能源的管理水平。如夜间的太阳能发电、无风状态的风力发电,或微电源维护期间,储能可以作为备用电源,确保微电网正常工作。图 2-33 所示为储能参与光伏输出功率平滑控制的实际效果。

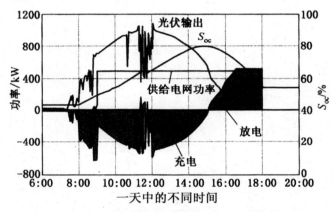

**图 2-33　储能参与光伏输出功率平滑控制**

微电网中常配置容量较小的柴油机组,根据负荷需求,开启一台或多台柴油机。柴油机也有经济运行区间,最佳负荷率为 $75\%$ 左右。在微电网中配置储能系统,利用储能装置功率响应速度快的特点,通过调控储能系统的输出功率来控制柴油机组开启的台数,以使柴油机组工作处在经济运行状态,从而达到优化微电源运行的目的。

### 2.6.3.3　能量缓冲与削峰填谷

微电网中可再生能源发电输出功率和负荷的需求预测技术尚不成熟,尤其是在微电网独立运行的过程中,峰谷差值较大,储能可以在可再生能源发电剩余较多时存储电能以减少能量浪费,充分发挥可再生能源的发电能力;而在负荷用电高峰时,释放能量供电,补充功率缺额,其工作原理如图 2-34 所示。另外随着阶梯电价的逐步推广,还可以利用储能在电网电价低位时储能,而在电价高位时放电,从而获得最大的经济效益。

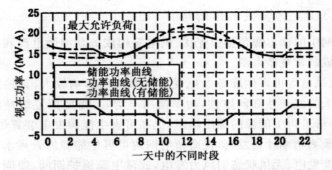

图 2-34　储能系统根据电网及负荷变化进行充放电示意图

# 第3章 微电网控制与运行技术

　　微电网通过对分布式电源的协调控制实现稳定运行,相对于外部电网表现为单一的自治受控单元,能够满足外部输配电网络的需求。为实现上述运行功能和目标,微电网要求部分分布式电源不仅具有 $P/Q$ 控制和 $V/f$ 控制,还需要具备下垂控制、谐波补偿以及防孤岛等控制策略。其中微型燃气轮机和储能可以在离网情况下做主电源运行。 $P/Q$ 控制由能量管理系统下发控制指令,分布式电源接受统一管控; $V/f$ 控制是由分布式电源本体控制电压、频率,保障微电网稳定运行。微电网的运行与控制是微电网系统的核心功能,本章主要对微电网的运行模式,独立微电网三态控制,微电网的逆变器控制,微电网的并离网控制以及微电网的优化配置进行阐述。

## 3.1 微电网控制模式

### 3.1.1 主从结构微电网运行控制模式

　　主从结构的微电网中通常选择一个分布式电源作为主电源,而将其他分布式电源作为从电源,如图3-1所示。主电源负责监控微电网中各种电气量的变化,并根据实际运行情况进行调节。此外,主电源还负责储能装置和负荷的管理,以及微电网与大电网之间的联系与协调。从电源只需按照主电源的控制设定输出相应的有功功率和无功功率,不需要直接参与微电网的运行调节。主从结构微电网中主电源和从电源之间需要建立快速可靠的通信连接,以便主电源能够调节从电源的运行点来配合实现对微电网运行的控制。

### 3.1.2 对等结构微电网运行控制模式

　　对等控制模式是指微电网中参与 $U/f$ 调节和控制的多个可控型分布

式电源(或储能系统)在控制上都具有同等的地位,各控制器间不存在主和从的关系。对于这种控制模式,分布式电源控制器通常选择下垂控制方法,每个分布式电源都根据接入系统点输出功率的就地信息进行控制,如图3-2所示。

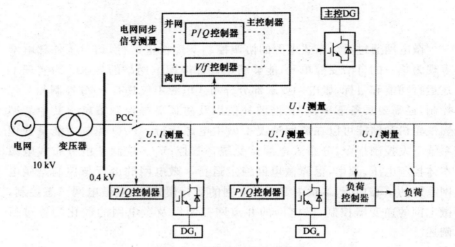

图 3-1　主从控制微电网结构

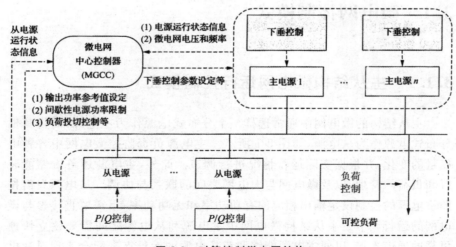

图 3-2　对等控制微电网结构

## 3.1.3　分层结构微电网运行控制模式

所谓分层控制模式,一般都设有中央控制器 MGCC,用于向微电网中的分布式电源发出控制信息,一种微电网的两层控制结构如图 3-3 所示。中心控制器首先对分布式电源发电功率和负荷需求量进行预测,然后制订相应的运行计划,并根据采集的电压、电流、功率等状态信息,对运行计划进行实时调整,控制各分布式电源、负荷和储能装置的输出功率和起停,保证微电网电压和频率的稳定,并为系统提供相关保护功能。

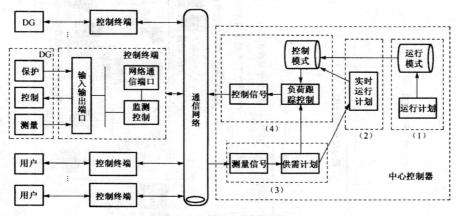

图 3-3　两层控制微电网结构

# 3.2　独立微电网三态控制

独立微电网是主网配电系统采用柴油发电机组发电(或燃气轮机发电)构成主网供电,DG 接入容量接近或超过主网配电系统。独立微电网一般用于边远地区,包括海岛、边远山区、农村等常规电网辐射不到的地区。

独立微电网系统的容量小,控制困难,为保证系统的稳定运行,对其采用稳态恒频恒压控制、动态切机减载控制、暂态故障保护控制的三态控制措施。如图 3-4 所示为独立微电网系统的三态控制图。

## 3.2.1　独立微电网稳态恒频恒压控制

独立微电网稳态运行时,没有受到大的干扰,负荷变化不大,柴油发电机组发电及各 DG 发电与负荷用电处于稳态平衡,电压、电流、功率等持续在某一平均值附近变化或变化很小。由稳态能量管理系统采用稳态恒频恒压控制使储能平滑 DG 输出功率。实时监视分析系统当前的电压 $V$、频率 $f$、功率 $P$。若负荷变化不大,$V$、$f$、$P$ 在正常范围内,检查各 DG 发电状况,对储能进行充放电控制,平滑 DG 发电输出功率,其流程图如图 3-5 所示。

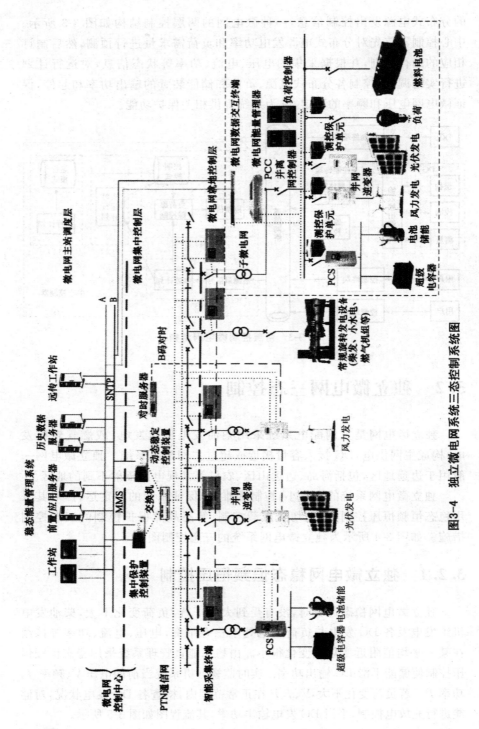

图3-4　独立微电网系统三态控制系统图

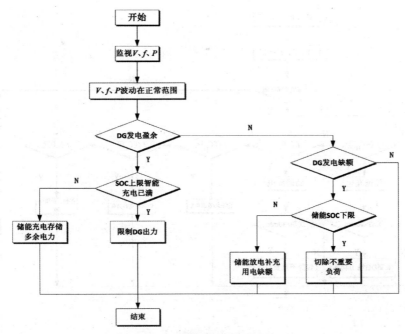

图 3-5　稳态恒频恒压控制

　　若 DG 发电盈余,判断储能的荷电状态(State of Charge,SOC)是否已达上限,若是,则限制 DG 输出功率;若否,则对储能进行充电,把多余的电力储存起来。

　　若 DG 发电缺额,判断 SOC 是否已达下限。若是,则不再放电,切除不重要负荷;若否,则储能放电,补充缺额部分的电力。

　　若 DG 发电不盈余不缺额,不对储能、DG、负荷进行控制调节。

　　以上通过对储能充放电控制、DG 发电控制、负荷控制,达到平滑间歇性 DG 输出功率,实现发电与负荷用电处于稳态平衡,独立微电网稳态运行。

## 3.2.2　独立微电网动态切机减载控制

　　独立微电网系统无调速器和调频器,系统一旦发生动态变化,就无法重新进入稳定状态并保持运行,此时就需要采用动态切机减载控制来保持系统动态稳定。

　　在微电网三态控制系统图中可知,动态稳定控制装置实时监测系统当前的电压 $V$、频率 $f$、功率 $P$。一旦发生较大的负荷变化,系统则会对储能、DG、负荷、无功补偿设备进行联合控制,具体流程如图 3-6 所示。

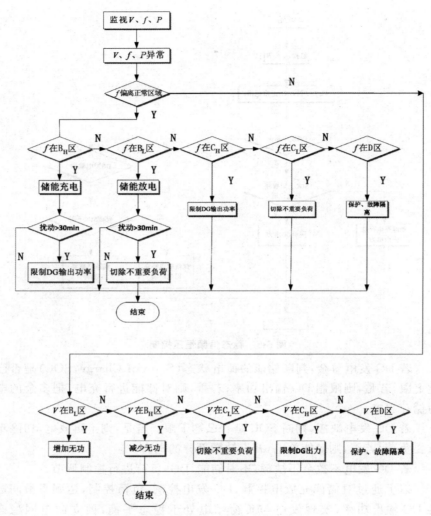

图 3-6 动态低频减载控制

## 3.2.3 独立微电网暂态故障保护控制

独立微电网系统暂态稳定是指系统在某个运行情况下突然受到短路故障、突然断线等大的扰动后,能否经过暂态过程达到新的稳态运行状态或恢复到原来的状态。独立微电网系统发生故障,若不快速切除,将不能继续向负荷正常供电,不能继续稳定运行,失去频率稳定性,发生频率崩溃,从而引起整个系统停电。

## 3.3　微电网的逆变器控制

　　微电网中的大部分微电源通过逆变器接入电网,主要分为两类,一类是直流电源,如光伏发电、燃料电池、储能装置等,另一类是交流电源,如单轴式微型燃气轮机或柴油机,如图 3-7 所示。

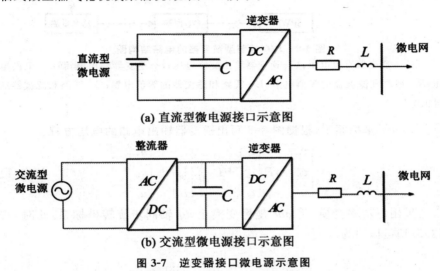

**(a) 直流型微电源接口示意图**

**(b) 交流型微电源接口示意图**

图 3-7　逆变器接口微电源示意图

　　在微电网控制系统多采用电力电子装置并入微电网,且与负载距离较近,有些传统电力系统分析方法需要修正才能应用于微电网系统。在微电网系统中,有功功率 $P$ 主要取决于微电网接入大电网的电压降 $U_1-U_2$,而无功功率 $Q$ 主要取决于功率角及频率 $f$。逆变器常见的两种控制策略为恒功率控制和下垂控制。

## 3.3.1　逆变器恒功率控制策略

　　逆变器的 $P/Q$ 控制通过功率外环和电流内环对功率加以控制,电流内环对功率外环的控制性能有着决定性的作用。逆变器恒功率控制的结构示意图如图 3-8 所示。

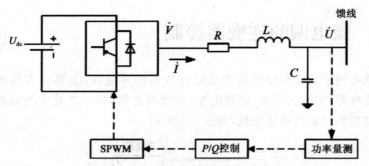

**图 3-8  *P/Q* 控制型逆变器的电路结构图**

$U_{dc}$—逆变器直流电压；$\dot{V}$—逆变器输出交流电压；$\dot{I}$—逆变器输出电流；$\dot{U}$—电网电压；$R$—线路和滤波器的等值电阻；$L$—线路和滤波器的等值电感；$C$—线路和滤波器的等值电容

在 $abc$ 坐标系下，根据图 3-8 写出逆变器输出电路的电压方程：

$$\begin{bmatrix} v_a \\ v_b \\ v_c \end{bmatrix} = R \begin{bmatrix} i_a \\ i_b \\ i_c \end{bmatrix} + L \frac{\mathrm{d}}{\mathrm{d}t} \begin{bmatrix} i_a \\ i_b \\ i_c \end{bmatrix} + \begin{bmatrix} u_a \\ u_b \\ u_c \end{bmatrix} \tag{3-3-1}$$

采用恒功率变换，将 $abc$ 坐标变换至 $dq$ 轴同步旋转坐标系，此时，式 (3-3-1) 可以写为

$$v_d = Ri_d + L \frac{\mathrm{d}i_d}{\mathrm{d}t} - \omega Li_q + u_d$$
$$v_q = Ri_q + L \frac{\mathrm{d}i_q}{\mathrm{d}t} + \omega Li_d + u_q \tag{3-3-2}$$

式中，$\omega Li_q$、$\omega Li_d$ 分别为变换过程中出现的耦合项，可在控制过程中消除。

此时，逆变器输出的有功和无功功率方程可表示为

$$P = u_d i_d + u_q i_q$$
$$Q = u_q i_d - u_d i_q \tag{3-3-3}$$

将 $d$ 轴固定在电网电压矢量的轴线上，则有约束条件：

$$u_d = u$$
$$u_q = 0 \tag{3-3-4}$$

将式 (3-3-4) 代入式 (3-3-2) 可以得到：

$$v_d = Ri_d + L \frac{\mathrm{d}i_d}{\mathrm{d}t} - \omega Li_q + u$$

$$v_q = Ri_q + L \frac{\mathrm{d}i_q}{\mathrm{d}t} + \omega Li_d$$

将电网电压前馈补偿和交叉耦合项补偿整合为 $v_{d2}$ 和 $v_{q2}$，剩下的电压

项定义为 $v_{d1}$ 和 $v_{q1}$ 可以得到：

$$v_{d1} = Ri_d + L\frac{di_d}{dt}$$
$$v_{q1} = Ri_q + L\frac{di_q}{dt}$$

$$\tag{3-3-5}$$

$$v_{d2} = -\omega Li_q + u$$
$$v_{q2} = \omega Li_d$$

$$\tag{3-3-6}$$

根据式(3-3-5)，可采用 PI 控制器来控制 $v_{d1}$ 和 $v_{q1}$，即：

$$v_{d1} = (i_{dref} - i_d)\left(k_p + \frac{k_i}{s}\right)$$
$$v_{q1} = (i_{qref} - i_q)\left(k_p + \frac{k_i}{s}\right)$$

$$\tag{3-3-7}$$

由式(3-3-6)和式(3-3-7)可将 $v_{d2}$ 和 $v_{q2}$ 消除，再经正弦脉宽调制即可得到逆变器输出的三相电压。

再将式(3-3-4)代入式(3-3-3)可以得到：

$$P = ui_d$$
$$Q = -ui_q$$

若电网电压 $u$ 不变，$P$ 与 $i_d$ 成正比，$Q$ 与 $i_q$ 成反比，此时即可采用 PI 控制器控制功率，即：

$$i_{dref} = (P_{ref} - P)\left(k_p + \frac{k_i}{s}\right)$$

$$i_{qref} = (Q_{ref} - Q)\left(k_p + \frac{k_i}{s}\right)$$

由上述分析即可得到双环控制策略的整体控制框图如图 3-9 所示。

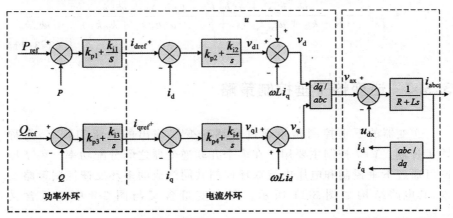

图 3-9　逆变器的双环解耦 $P/Q$ 控制策略

根据式(3-3-6)和式(3-3-7)可以得到式(3-3-8),并得到 $d$ 轴电流控制内环的闭环传递函数,如式(3-3-9)所示。

$$(R + Ls)i_d = (i_{dref} - i_d)\left(k_{p2} + \frac{k_{i2}}{s}\right) \tag{3-3-8}$$

$$i_d = G_{i_d}(s)i_{dref}$$

$$G_{i_d}(s) = \frac{k_{p2}s + k_{i2}}{Ls^2 + (R + k_{p2})s + k_{i2}} \tag{3-3-9}$$

将电流控制环用闭环传递函数表示,则有功功率双环控制系统可以表示为图 3-10 所示的简化控制框图。

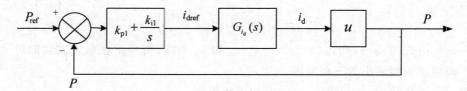

**图 3-10　简化双环控制框图**

根据图 3-10,可以得到有功功率双环控制系统的整体开环传递函数和闭环传递函数分别如式(3-3-10)和式(3-3-11)所示。

$$G_{op}(s) = \left(k_{p1} + \frac{k_{i1}}{s}\right)G_{i_d}(s)u$$

$$= \frac{uk_{p1}k_{p2}s^2 + u(k_{p1}k_{i2} + k_{p2}k_{i1})s + uk_{i1}k_{i2}}{Ls^3 + (R + k_{p2})s^2 + k_{i2}s} \tag{3-3-10}$$

$$G_{cl}(s) = \frac{G_{op}(s)}{1 + G_{op}(s)}$$

$$= \frac{uk_{p1}k_{p2}s^2 + u(k_{p1}k_{i2} + k_{p2}k_{i1})s + uk_{i1}k_{i2}}{Ls^3 + (R + k_{p2} + uk_{p1}k_{p2})s^2 + [k_{i2} + u(k_{p1}k_{i2} + k_{p2}k_{i1})]s + uk_{i1}k_{i2}}$$

$$\tag{3-3-11}$$

## 3.3.2　逆变器下垂控制策略

逆变器的下垂控制是指通过微调逆变器输出的电压和频率,简称 $V/f$ 控制。$V/f$ 控制主要用于在多个并联逆变器之间分配功率。$V/f$ 控制可通过下垂控制和电压电流双环控制共同组成的多环反馈控制策略实现,其电路结构如图 3-11 所示。图中变量含义与图 3-8 中变量含义一致。

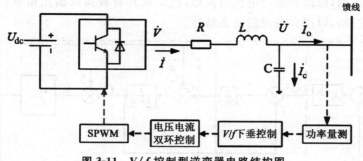

**图 3-11　*V*/*f* 控制型逆变器电路结构图**

　　如图 3-12 所示为逆变器的下垂特性,频率和电压的参考值分别为 $f_{\mathrm{ref}}$ 和 $u_{\mathrm{ref}}$,其输出的 *P* 和 *Q* 必须分别满足 $0 \leqslant P \leqslant P_{\max}$ 和 $0 \leqslant Q \leqslant Q_{\max}$,控制原理如图 3-13 所示。

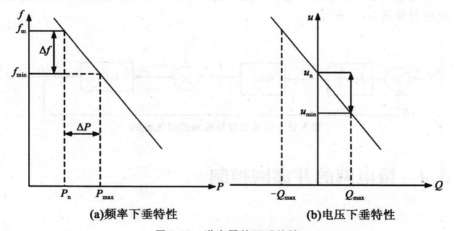

**(a)频率下垂特性**　　　　　　　**(b)电压下垂特性**

**图 3-12　逆变器的下垂特性**

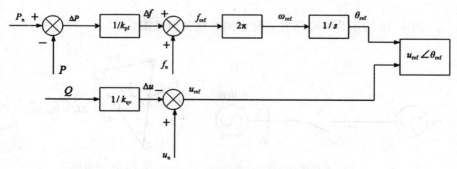

**图 3-13　下垂控制的原理**

　　PWM 逆变器多采用如图 3-14 所示的电压电流双环控制策略,外环是电压环控制,以改善输出电压的波形,使系统具有较高的输出精度;内环是电流环控制,以提高系统的动态特性。

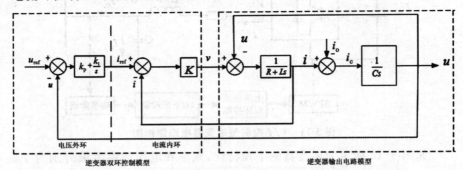

**图 3-14　逆变器的电压电流双环控制策略**

通过对双环控制的传递函数进行化简,可以得到逆变器双环控制的简化框图如图 3-15 所示。

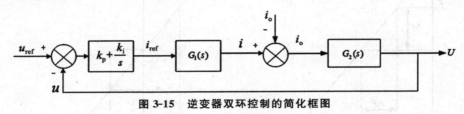

**图 3-15　逆变器双环控制的简化框图**

# 3.4　微电网的并离网控制

## 3.4.1　微电网的并网控制

图 3-16 所示为微电网并入配电网系统及相量图。

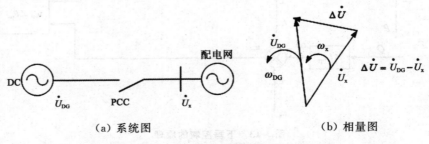

（a）系统图　　　　　　　　　　（b）相量图

**图 3-16　微电网并入配电网系统及相量图**

$U_x$—配电网侧电压;$U_{DG}$—微电网离网运行电压

微电网并入配电网的理想条件为

$$f_{DG}=f_x \text{ 或 } \omega_{DG}=\omega_x(\omega=2\pi f) \tag{3-4-1}$$

$$\dot{U}_{DG}=\dot{U}_x \tag{3-4-2}$$

$\dot{U}_{DG}$ 与 $\dot{U}_x$ 间的相角差为零，$|\delta|=\left|\arg\dfrac{\dot{U}_{DG}}{\dot{U}_x}\right|=0$。

当并网的冲击电流为 0 且微电网与配电网同步运行时才能满足式（3-4-1）和式（3-4-2），这种理想状况是很难达到的，在实际操作过程中，只需满足并网的冲击电流较小，即满足式（3-4-3）和式（3-4-4）即可。

$$|f_{DG}-f_x|\leqslant f_{set} \tag{3-4-3}$$

$$|\dot{U}_{DG}-\dot{U}_{xx}|\leqslant U_{set} \tag{3-4-4}$$

式中，$f_{set}$、$U_{set}$ 分别为两侧频率差和电压差设定值。

并网分为检无压并网和检同期并网两种。检无压并网逻辑如图 3-17 所示，图中，"$U_x<$"表示 $U_x$ 无电压，"$U_{DG}<$"表示 $U_{DG}$ 无电压。检同期并网逻辑如图 3-18 所示。图中，"$U_x>$"表示 $U_x$ 有电压，"$U_{DG}>$"表示 $U_{DG}$ 有电压。

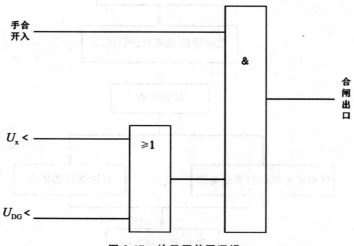

图 3-17　检无压并网逻辑

微电网并网后，逐步恢复被切除的负荷及分布式电源，完成微电网从离网到并网的切换。离网转并网控制流程图如图 3-19 所示。

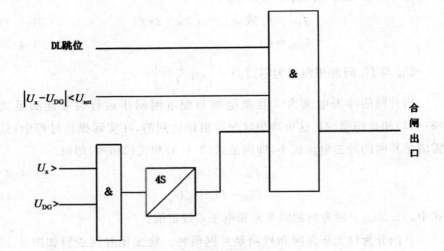

图 3-18　检同期并网逻辑

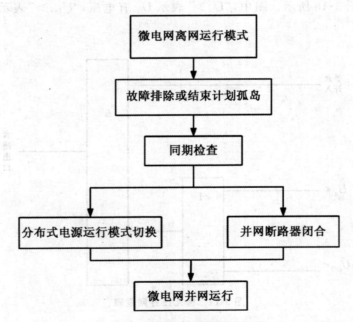

图 3-19　离网转并网控制流程图

## 3.4.2　微电网的离网控制

孤岛检测时微电网孤岛运行的前提,防孤岛发生是必然的。目前,常用的并网切换离网模式的方法有两种:短时有缝切换和无缝切换。

短时有缝切换指在并网和离网转换过程中出现的电源短时消失现象,这是由于低压断路器动作时间长所致。如图 3-20 所示为有缝并网转离网切换流程图。

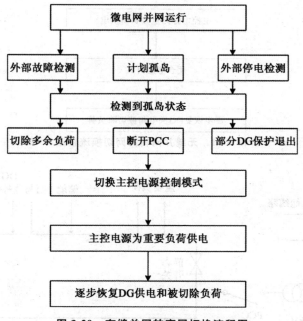

**图 3-20　有缝并网转离网切换流程图**

无缝并网转离网切换流程图如图 3-21 所示。

在无缝并网转离网切换过程中,微电网对供电的可靠性要求更高,需要采用大功率固态开关(图 3-22)来优化微电网结构,并缩短断路器开断所需时间。

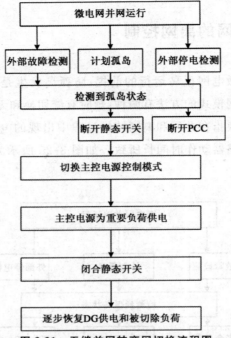

**图 3-21　无缝并网转离网切换流程图**

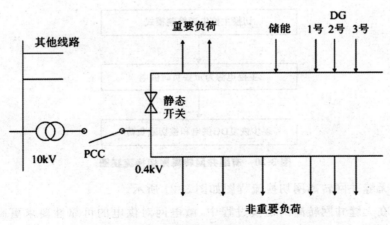

**图 3-22　采用固态开关的微电网结构**

　　在无缝并网转离网过程中,微电网系统中的重要负荷可持续供电,非重要负荷先被切除,待恢复发电后,再重新恢复供电。

　　在整个微电网运行层,并网控制/离网控制/并网控制切换控制流程如图 3-23 所示。

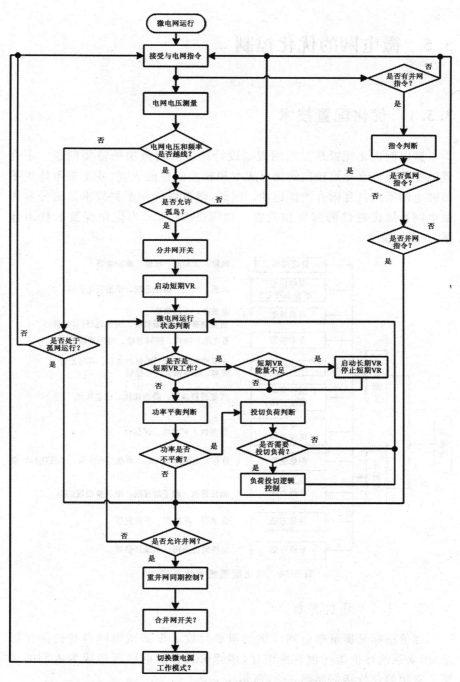

图 3-23　电网运行层并网/离网/并网切换控制流程图

# 3.5　微电网的优化控制

## 3.5.1　优化配置技术

　　微电网优化配置是微电网规划设计阶段需要解决的首要问题。不合理的配置设计会导致较高的供电成本和较差的性能表现,甚至根本体现不出微电网系统自身固有的优越性。因此,微电网优化配置技术是充分发挥微电网系统优越性的前提和关键。如图 3-24 所示为优化配置的技术体系,正逐步完善。

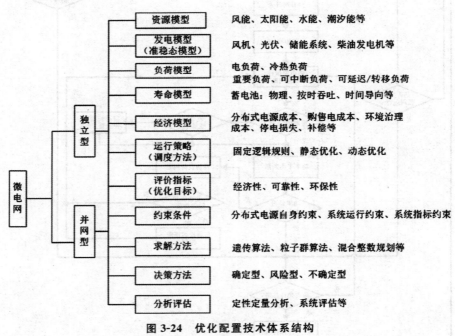

**图 3-24　优化配置技术体系结构**

### 3.5.1.1　评价指标

　　评价指标是衡量微电网性能的重要尺度。根据微电网自身的优化需求,所采取的评价指标也有所差异,多评价目标目前已逐步成为人们的选择。常用的评价指标如图 3-25 所示。

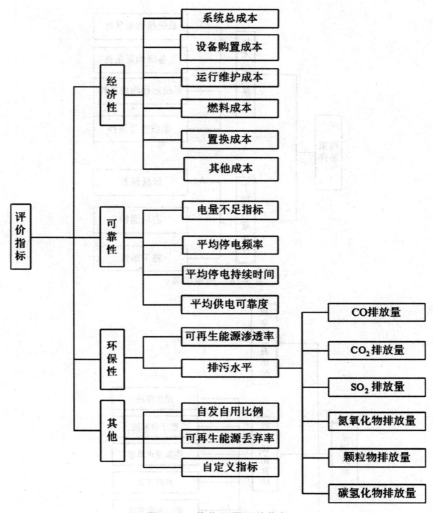

图 3-25 优化配置评价指标

### 3.5.1.2 约束条件

在进行微电网优化配置时,需要设定若干约束条件。约束条件大致可以分为技术约束条件和工程约束条件,如图 3-26 所示。其中,技术约束条件包括系统级约束条件和设备级约束条件。

### 3.5.1.3 求解方法

通过建立微电网系统模型,设定相应的优化目标和约束条件,则可以通过一定的求解方法对优化配置问题进行求解。求解方法大致有枚举法(遍历法)、智能优化算法和混合算法等,如图 3-27 所示。

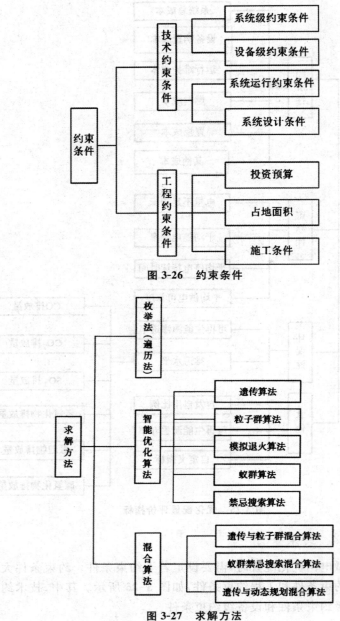

图 3-26  约束条件

图 3-27  求解方法

### 3.5.1.4  决策方法

微电网系统的优化配置方案往往不止一个,为了选择最合适的优化方案,通常需要借助一定的决策方法。根据问题的不同,决策方法也不一样,常见的决策方法如图 3-28 所示。

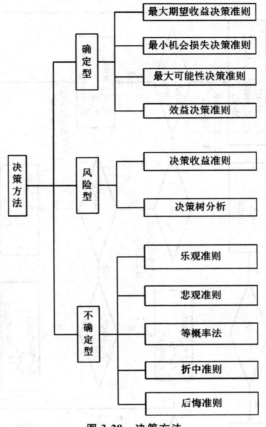

图 3-28　决策方法

## 3.5.2　离网型微电网优化配置

### 3.5.2.1　运行策略

合理地选择运行策略是优化配置的重要一环,它是微电网优化配置成败的关键因素。目前,离网型微电网的运行策略主要分为三种:专家策略、启发式规则和规划与运行联合优化。

(1)专家策略。工作参数的设定值和各电源启停条件是策略中的核心部分,但这些核心部分大多根据实际运行经验,由专家决策得出,没有经过严格的计算。基本专家运行策略包括功率平滑策略、负荷跟随策略、最大运行时间策略、软充电策略、硬充电策略和改进充电策略(图 3-29～图 3-34)等,适用于离网型风光储柴混合微电网。

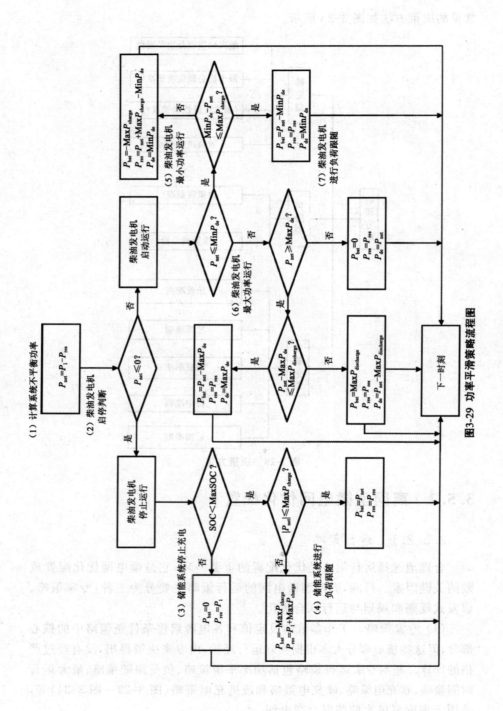

图3-29 功率平滑策略流程图

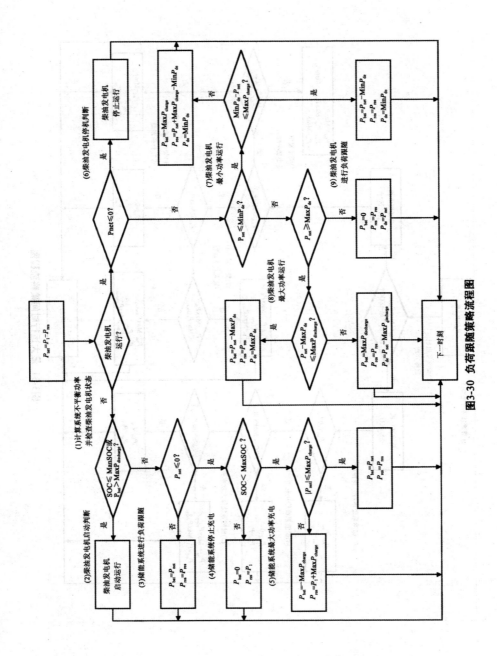

图3-30　负荷跟随策略流程图

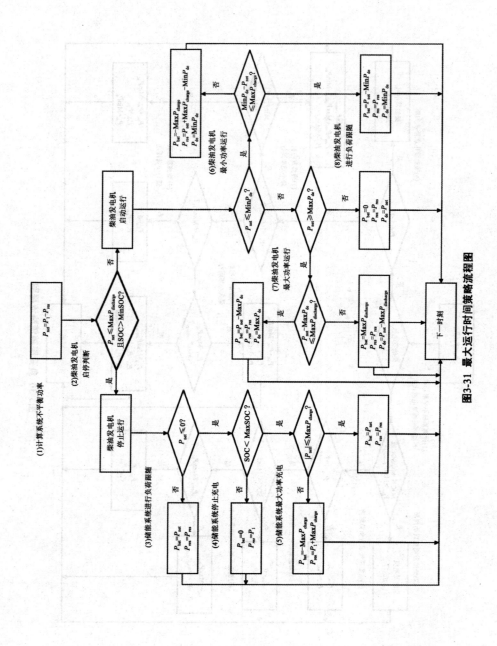

图3-31 最大运行时间策略流程图

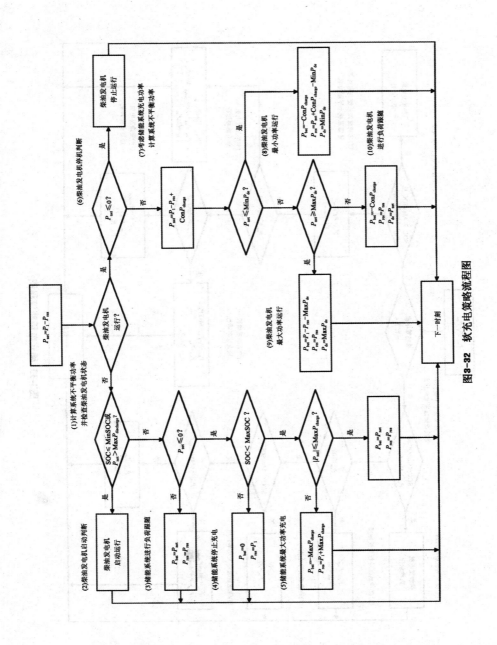

图3-32　软充电策略流程图

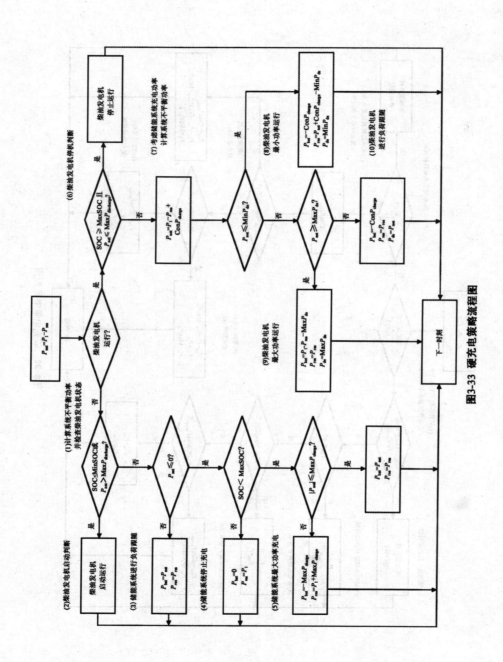

图3-33 硬充电策略流程图

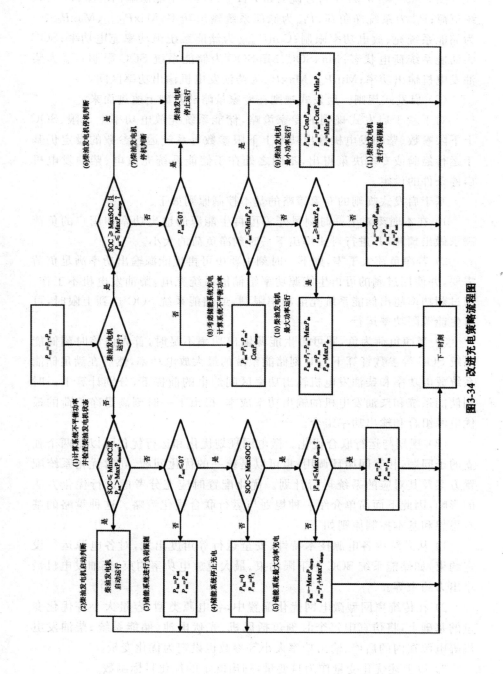

图3-34　改进充电策略流程图

图 3-29～图 3-34 中符号说明如下：$P_{ms}$ 为可再生能源输出功率；$P_1$ 为系统负荷；$P_{net}$ 为系统净负荷；$P_{bat}$ 为储能系统输出功率；$MaxP_{charge}$、$MaxP_{discharge}$ 为储能系统充、放电功率限制；$ConP_{charge}$ 为储能系统恒功率充电功率；SOC 为储能系统荷电状态；MaxSOC、MinSOC 为储能系统 SOC 限制；$P_{de}$ 为柴油发电机输出功率；$MinP_{de}$、$MaxP_{de}$ 为柴油发电机输出功率区间。

（2）启发式规则。启发式规则在专家策略的基础上改进而来。

对于基于启发式规则的专家策略，储能系统充放电功率上下限、SOC 上下限参数、柴油发电机输出功率上下限参数等系统运行参数的设定仍基于运行经验或专家决策得出，不同之处在于储能系统充放电、柴油发电机启停条件的设定。

基于启发式规则的专家策略的基本控制原则如下。

1）在本时刻对下一时刻风光等可再生能源的输出功率和用户的负荷需求做出预测，并进行对比得出下一时刻净负荷的大小。

2）若净负荷大于零，则下一时刻主要由可再生能源输出功率满足负荷需要，并使用过剩的可再生能源功率给储能系统充电，柴油发电机不工作。当过剩功率超出储能系统充电功率限制，或储能系统 SOC 达到上限时，可再生能源限功率运行。

3）当净负荷为负，即可再生能源输出功率不足时，首先由该时刻储能系统 SOC 等参数计算下一时刻储能系统的最大放电功率，然后在满足储能系统放电功率和柴油发电机输出功率区间约束的前提下，分别计算下一时刻储能系统和柴油发电机的输出功率成本，得出下一时刻满足净负荷的最优电源组合和输出功率组合。

（3）规划与运行联合优化。微电网规划优化和运行优化可以是两个独立的子问题，相互间循环调用；也可以是统一的优化问题，同时优化系统配置方案及其对应的系统运行计划。优化配置时应充分考虑运行优化方法的影响，因此下面简单介绍一种规划与运行联合优化策略。这种策略的基本思想和基本控制原则如下。

1）从系统内各电源技术特性、安全运行等角度出发，对各电源运行设定约束，如储能系统 SOC 上下限约束、最大充放电功率约束、柴油发电机最小出力约束等。

2）在传统离网型微电网优化配置中，各电源类型、容量大小等优化变量的基础上，将仿真中每个时刻包括风机、光伏电池、储能系统、柴油发电机等电源在内的启停、输出功率大小等参数也设定为优化变量。

3）以上述优化变量作为自变量，列出既定的优化目标函数。

4）预测各个仿真时刻风光等可再生能源的输出功率和负荷需求情况，

并根据上述预测数据在满足各电源技术约束和安全运行约束的前提下,进行优化计算,得出最优解。

可以看出,将系统配置优化与运行优化结合在一起,得出的优化配置结果中不但包括系统内各电源的最优组合配置,而且包含各个时刻系统内各电源(包括风机、光伏电池、储能系统、柴油发电机等在内)的启停、输出功率大小等参数最优输出功率组合情况,实现了整体最优化。

### 3.5.2.2　运行优化

无论传统专家策略还是基于启发式规则的专家策略,都没有很好地将系统配置优化与运行优化有机结合在一起。

事实上,有别于常规配电网的优化设计,微电网的优化配置问题与其运行优化策略具有高度的耦合性,如图 3-35 所示。为获知系统配置方案的性能,从而通过配置优化算法对系统配置方案进行修正,需要基于系统时序仿真结果进行性能评价。对于专家策略和启发式规则,在给定的配置方案下进行全周期的时序仿真,如图 3-35(a)所示;也可以根据给定的配置方案,进行系统运行优化,即微电网规划和运行联合优化,如图 3-35(b)所示。需要指出的是,微电网规划优化和运行优化可以是两个独立的子问题,相互之间循环调用;也可以是统一的优化问题,同时优化系统配置方案及其对应的系统运行计划。

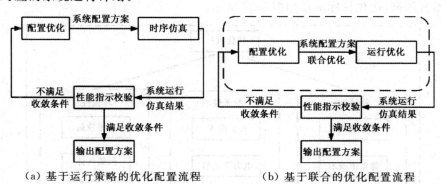

(a) 基于运行策略的优化配置流程　　　(b) 基于联合的优化配置流程

**图 3-35　优化配置与优化策略关系**

联合优化方法虽然能够提供最佳的配置方案及其对应的最优运行计划,但是受限于现有数学模型和算法工具,在模型误差、解的最优性、计算误差、计算时间等方面还达不到工程应用要求,因此,联合优化方法有待完善。

因此,虽然联合优化实现了系统配置和运行全局优化,但目前实际的离网型微电网优化配置中使用较多的运行策略仍是专家策略及基于自启发规则的专家策略,上述联合优化策略的应用还比较少,相关模型和算法仍需继续优化改进才能在实际工程中加以应用。

### 3.5.2.3  优化配置模型

微电网优化配置是典型的优化问题,包括优化变量、优化目标和约束条件三大要素。

(1)优化变量。在微电网优化配置中,优化变量主要包括分布式电源、储能装置等设备的类型与数量,鉴于微电网规划设计方案与运行优化策略的强耦合性,运行策略及其相关的一些参数也可作为待决策的变量,优化变量示意如图 3-36 所示。

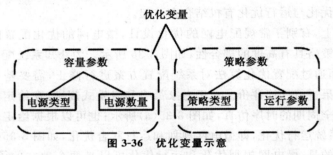

**图 3-36  优化变量示意**

(2)优化目标。优化目标与评价指标相互对应,多指标评价与多指标优化已经成为当今的研究趋势,多目标优化可为选择合适的优化方案提供参考依据,优化目标示意如图 3-37 所示。

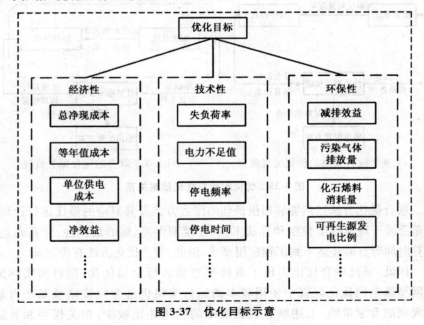

**图 3-37  优化目标示意**

（3）约束条件。离网型微电网在优化配置时需要满足一定的约束条件才能使配置的结构满足实际系统的技术可行和经济可行。因此，在优化配置时，约束条件的选取将会对配置结果有较大的影响。

## 3.5.3 并网型微电网评价指标

并网型微电网与大电网相连，既可以并网运行，也可以离网运行。在经济性、可靠性和环保性指标方面，并网型微电网评价指标与独立型微电网基本相同，此处不再赘述。但是相对于独立型微电网，并网型微电网优化配置需要相应的指标来评价其并网性能。

### 3.5.3.1 评价指标

并网性能指标主要分为三类。第一类指标主要体现微电网的供电模式，对微电网的年发电量和用电量、年购电量和售电量进行综合统计分析。第二类指标主要体现电网资产使用情况，由于微电网既可以从大电网购电，又可以利用分布式电源发电，那么不同配置下微电网设备和电网资产的利用率存在差异。第三类指标主要体现微电网与大电网的友好交互，这种友好行为既表现在降低对大电网的影响，还能提高系统运行的经济性和稳定性。

第一类指标包括自平衡率、自发自用率、冗余率等。通过定义微电网的年发电量和用电量、年购电量和售电量之间的关系，描述微电网的电量使用情况。

第二类指标包括联络线利用率、设备利用率等。通过定义最大发电/输电能力与实际使用情况之间的关系，描述微电网相关资产的利用率。

第三类指标包括自平滑率、网络损耗、稳定裕度等。基于对潮流和电压的分析，描述并网型微电网对大电网的影响。

### 3.5.3.2 运行策略

（1）联络线功率控制。联络线功率控制通过微电网内部的功率调节，使联络线功率满足一定的运行目标（如减小功率波动、削峰填谷等），或者跟踪调度计划运行，提高微电网的并网性能。为了提高可再生能源利用率，通常以储能装置为主要调节手段，基于微电网运行目标或者调度计划，获得联络线功率补偿目标；然后利用储能装置的双向功率调节特性，实现联络线功率的优化和控制。

联络线功率控制分为两类：①基于专家策略的控制目标，实时计算功率补偿量，进行储能装置调节；②根据预定的调度计划计算功率补偿量，进行储能装置调节。其本质都是先确定功率补偿目标，再根据功率补偿目标进行功率分配和执行。

（2）专家策略。专家策略通过对比联络线功率与控制目标的偏差，利用储能装置等控制手段，进行功率补偿。

### 3.5.3.3　调度运行优化

除了基于特定专家策略运行，并网型微电网还可以跟踪预设的调度计划运行。调度计划是基于联络线功率优化模型获得最优的联络线功率曲线，或者上级调度下发的运行计划。通过储能装置进行功率调节，使联络线功率跟踪调度计划运行。

相对于专家策略，并网型微电网的调度计划需要提前制订，依赖于预测数据和上级调度要求，但是可以对微电网及其设备进行短期的运行优化，提高经济效益等指标。

### 3.5.3.4　优化配置模型

并网型微电网优化配置问题包含容量优化和位置优化两个子问题。通常情况下，微电网优化配置指容量优化问题。本节将对容量优化和位置优化问题进行对比阐述。其实，容量优化和位置优化是可以同时进行"选址定容"的联合优化，也可以两个子问题分别优化。但是在不同的子问题下，优化变量、目标函数、约束条件也不尽相同。

此外，并网型微电网位置优化问题也可以基于稳态潮流或者随机潮流计算结果，以电压和网损的变化率作为分布式电源和储能装置接入位置的判断依据，此时位置优化不再是典型优化问题，类似于穷举法或者试探法。

（1）优化变量。在并网型微电网位置优化问题中，优化变量包括分布式电源、储能装置等设备的接入位置、系统的潮流和电压等运行方式。容量优化和位置优化问题都需要考虑具体的运行策略及相关参数，作为待决策的变量，优化变量示意图如图 3-38 所示。因此，在容量优化和位置优化两个子问题中，还各自包含运行策略及其相关的参数子问题。

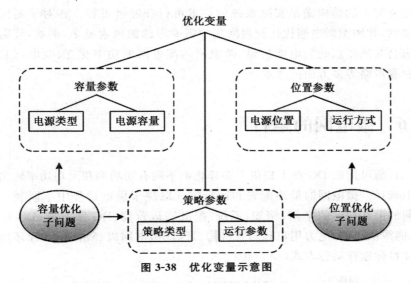

**图 3-38　优化变量示意图**

（2）优化目标。在并网型微电网优化配置问题中，还需要考虑并网性能指标，如图 3-39 所示。

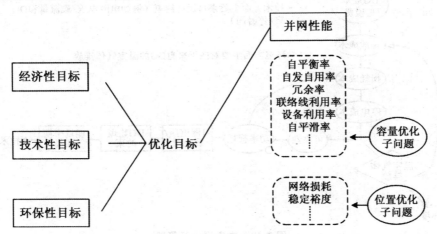

**图 3-39　优化目标示意图**

因此，相对于离网型微电网的优化配置问题，并网型微电网优化配置问题的优化目标更加丰富，考虑的因素也更为全面。对于容量优化子问题，通常在经济性目标、技术性目标、环保性目标和并网性能指标中，可根据微电网不同的优化需求，选取一个或多个优化目标参与优化。对于位置优化子问题，与容量优化子问题在优化变量和约束条件存在较大区别，通常针对并网性能指标的单目标优化，有时也考虑经济性目标。

（3）约束条件。并网型微电网在优化配置时需要满足一定的约束条件才能使配置的结构满足实际系统的技术可行和经济可行。相对于离网型微电网,并网型微电网优化配置问题中需要考虑的因素更多,例如,还需要考虑公共连接点处的电能质量、微电网与配电网的功率交互、微电网自身的控制策略等多方面的因素。

# 3.6 微电网的运行

目前可用的 DG 技术提供了多样化的不同有功功率和无功功率输出的发电选择。微电网的最终配置和运行方式取决于供电过程中不同利益体之间的潜在冲突的平衡,例如,系统/配电网运营商、DG 所有者、DG 运营商、能源供应商、电力用户和监管机构。因此微电网以经济、技术和环境为最优目标选择运行方式(图 3-40)。

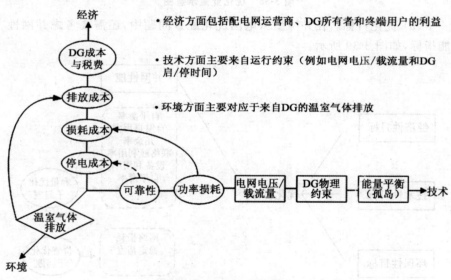

图 3-40 微电网运行策略

## 3.6.1 并网运行

微电网系统的并网运行模式就是微电网与公用大电网相连(PCC 闭合),与主网配电系统进行电能交换。微电网运行模式互相转换的示意图如图 3-41 所示。

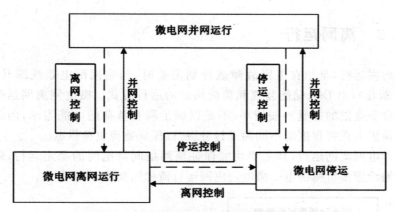

图 3-41 微电网运行模式互相转换的示意图

微电网在停运时,有两种路径方式可以选择,一是通过并网控制转换到并网运行模式,再经离网控制转换到离网运行模式;二是通过离网控制转换到离网运行模式,再经并网控制转换到并网运行模式。不管是并网运行还是离网运行,均可通过停运控制使得微电网系统停运。

微电网并网运行,其主要功能是实现经济优化调度、配电网联合调度、自动电压无功控制、间歇性分布式发电预测、负荷预测、交换功率预测,其流程图如图 3-42 所示。

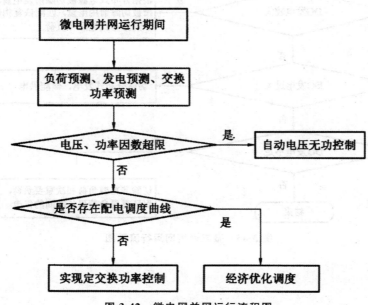

图 3-42 微电网并网运行流程图

## 3.6.2　离网运行

离网运行,是指在电网故障或计划需要时,与主网配电系统断开(即 PCC 断开),由 DG、储能装置和负荷构成的运行方式。微电网离网运行时由于自身提供的能量一般较小,不足以满足所有负荷的电能需求,因此依据负荷供电重要程度的不同而进行分级,以保证重要负荷供电。

微电网离网运行,其主要功能保证离网期间微电网的稳定运行,最大限度地给更多负荷供电。微电网离网运行流程图如图 3-43 所示。

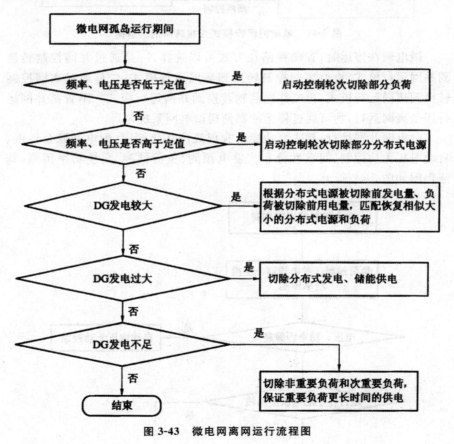

图 3-43　微电网离网运行流程图

# 第4章　微电网的保护技术

微电网是电/热能负荷和小容量现地微电源的集合,以配电电压作为一个可控单元运行。从概念上讲,微电网不能被看作传统意义上的配电网中加入了本地电源。在微电网中,微电源有足够的容量满足当地所有负荷的需求,微电网可以采用与电网同步(联网模式)和自主电力孤岛(独立模式)两种模式运行。其运行原则是,正常情况下微电网采用联网模式运行,当主电网发生任何扰动时,其将无缝地断开与主电网在公共连接点(PCC)处的连接并继续作为电力孤岛运行。图4-1示出了典型的微电网网络保护系统。

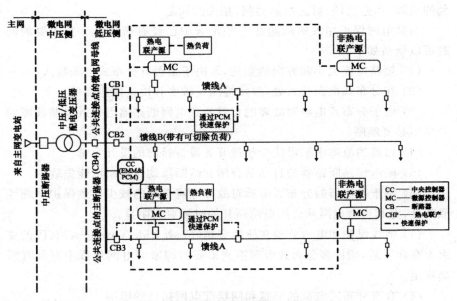

图4-1　典型微电网网络保护系统

# 4.1　概述

微电网保护系统的设计是其广泛部署所面临的主要技术挑战之一,保护系统必须能够响应公共电网和微电网的所有故障。如果故障发生在公共电网,保护系统应尽快地将微电网从公共电网断开,起到对微电网的保护作用。断开的速度取决于微电网特定的用户负荷,但仍需要开发和安装适当的电力电子静态开关,另外,带方向过电流保护的电动断路器也是一种选择。如果故障发生在微电网内部,保护系统应隔离配电线路尽可能小的部分来清除故障。微电网在孤立运行期间可以进一步分裂为许多孤岛或者次级微电网(sub-microgrid),当然这需要有微电源和负荷控制器的支撑。

大多数传统的配电网保护基于短路电流检测。分布式电源可能改变故障电流的幅值和方向,从而导致保护误动作。直接耦合的基于旋转电机的微电源将会增大短路电流水平,而电力电子接口的微电源不能正常地提供过电流保护动作所需的短路电流水平。一些传统的过电流测量设备甚至不能响应这些低水平的短路电流,而即便能响应也需要数秒的时间,而不是保护要求的几分之一秒。因此,在微电网的许多运行场合,可能会出现与保护系统的选择性(对应错误的、不必要的跳闸)、灵敏性(对应未检测到的故障)和速动性(对应延迟跳闸)相关的问题。

与微电网保护相关的问题在一些论著中已经有所提及。其主要的问题可以概括如下。

(1)短路电流大小和方向的变化,取决于是否有分布式电源接入。

(2)在分布式电源接入处,故障检测灵敏度和快速性地降低。

(3)由于分布式电源对故障的贡献导致电网断路器因邻近线路故障而产生不必要跳闸。

(4)增高的故障水平可能会超过开关设备目前的设计容量。

(5)配电线路断路器的自动重合闸和熔断器动作策略可能失效。

(6)基于换流器的分布式电源对故障电流贡献的减少导致保护系统性能降低,尤其当微电网从公用电网断开的时候更为明显。

(7)馈线保护和电力公司在故障穿越(Fault Ride Through,FRT)的要求上存在矛盾,而许多分布式电源渗透率高的国家的电网规程中对此有明确规定。

(8)含有分布式电源的环状和网状配电网拓扑的影响。

本章介绍了一种微电网保护解决方案,能够克服上面提到的一些问题。该方案基于自适应原理,根据提前计算或者实时计算出整定值,按照微电网的配置来改变保护的整定;还分析了由于专用设备带来的故障电流水平的增加,特别是电力电子接口的分布式电源主导的微电网在孤岛运行时的情况。最后,讨论了可能用于限制故障电流的手段。

## 4.2　分布式电源故障特性

根据分布式电源类型不同,其接入方式可分为三种情况,如图 4-2 所示。

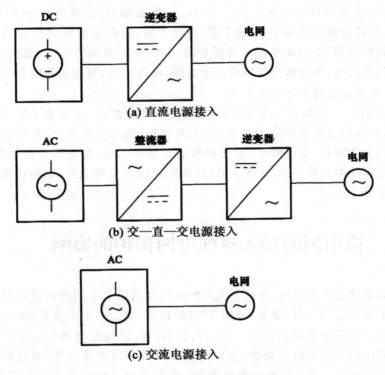

**(a) 直流电源接入**

**(b) 交—直—交电源接入**

**(c) 交流电源接入**

**图 4-2　DG 电源接入方式示意图**

(1) 直流电源。这类电源有燃料电池、光伏电池、直流风机等,发出的是直流电,图 4-2(a)所示是直流电源接入系统图,通过逆变器并网。

(2) 交—直—交电源。这类电源有交流风机、单轴微型燃气轮机等,发出的是非工频交流电,图 4-2(b)所示是交—直—交电源接入系统图,需要先将交流整流后再逆变并网接入。

(3) 交流电源。这类电源有异步风机、小型同步发电机等,发出的是稳定的工频交流电,图 4-2(c)所示是交流电源接入系统图,不通过电力电子装置逆变器直接并网。

根据以上三种 DG 电源接入方式,接入方式分为直接并网和逆变器并网两种情况,其中分布式电源较多采用的是逆变器并网方式。

逆变器的控制策略分为恒功率控制($P/Q$)和恒压恒频控制($V/f$)两种,并网运行时,分布式电源采用 $P/Q$ 工作模式;离网运行时,主分布式电源的逆变器采用 $V/f$ 控制模式,从分布式电源的逆变器采用 $P/Q$ 工作模式。

采用 $P/Q$ 工作模式的逆变器,根据《光伏电站接入电网技术规定》及《并网光伏发电专用逆变器技术要求和试验方法》的过流与短路保护要求,故障时,逆变器输出电流不大于 $1.5I_n$ 三相短路时,故障电流小于 $1.5I_n$ 时,逆变器是恒功率电源,电流上升,电压下降;故障电流等于 $1.5I_n$ 时,逆变器是恒流源,经过逆变器自身保护时间,逆变器自动不输出,退出运行。不对称短路时,逆变器是恒功率正序电源,电流上升,两相短路时负序电压上升,单相接地时零序电压上升。

采用 $V/f$ 控制方式的逆变器,在发生三相短路时,逆变器是恒压恒频电源,在输出功率小于最大功率时,电流上升,输出功率增大;在输出功率等于最大功率时,电压降低,逆变器的低压保护动作;发生不对称短路,逆变器是恒功率正序电源,电流上升,两相短路负序电压上升,单相接地零序电压上升。

# 4.3　微电网的接入对配电网保护的影响

微电网接入配电网,使得传统的配电网结构由简单的环状或辐射状向复杂的网状结构发展,改变了配电网故障电流的大小、方向及持续时间,对配电网原有的继电保护将产生较大的影响。传统的配电网继电保护大部分是简单的三段式电流保护,这种类型的保护利用本地信息,通过时限配合即可实现某一配电区域的保护要求。但是在微电网接入的配电网中,不固定的运行方式使得保护定值整定困难,常规保护配置难以满足保护要求,带来运行、维护难度变大,建设成本增加等一系列问题。

接入 MG 的配电线路如图 4-3 所示,P1 和 P2 是保护设备,代表熔断器或断路器,两者均为反时限时间电流特性。

MG 接入后,出现下述情形:

(1) 只接入 MG1。B 下游段故障,P2 流过故障电流增加,P1 流过故障电流减小,P2 的保护灵敏度变高,P1 和 P2 的配合不受影响;AB 段故障,保护配合不受影响,MG1 需离网运行;A 上游段故障,P1 流过反向故障电流,P1 动作,MG1 需离网运行。

(2) 只接入 MG2。B 下游段故障,保护配合不受影响,MG2 需离网运行;

AB 段故障,P1 流过正向故障电流,P2 流过反向故障电流,MG2 需离网运行;
A 上游段故障,P1 与 P2 流过相同的反向故障电流,MG2 需离网运行。

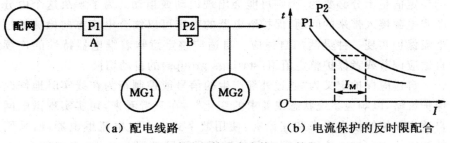

（a）配电线路　　　　（b）电流保护的反时限配合

图 4-3　电流保护配合中的 MG 接入

（3）MG1 和 MG2 都接入。B 下游段故障,情形与(1)相似,MG2 需离
网运行;AB 段故障,P1 流过正向故障电流,P2 流过反向故障电流,MG1、
MG2 需离网运行;A 上游段故障,P1 比 P2 流过更多的反向故障电流,此时
涉及一个边界值,若 P1 与 P2 的故障电流值相差超过图 4-3(b)中的 $I_M$,则
P1 先动作,P2 不再动作,否则 P2 先动作,接着 P1 动作,无论何种情形,
MG1 和 MG2 都需离网运行。

通过上述分析可知:MG 的接入会造成某些保护设备的灵敏度降低,如
只接入 MG1,B 下游段故障时,流过 P1 的故障电流会减小;保护设备流过
反向故障电流时,为防止相邻馈线发生故障,保护设备理应不动作,因此保
护设备流过反向故障电流过大时,有可能造成保护误动作。

# 4.4　微电网的自适应保护

## 4.4.1　简介

时限过电流保护配置非常简单并且价格低廉,因而是中压和低压配电
网中最常采用的保护方式。在含有分布式电源的网络中,过电流保护继电
器检测到的过电流取决于接入点和分布式电源的类型及大小(馈入功率)。
在这些电网中,由于分布式电源(风电和太阳能)的间歇性和负荷的周期
性,微电网的运行状态在不断变化,因而短路电流的方向和幅值也将不断
变化。同时,为了实现经济(如网损最小等)和运行目标,电网拓扑也会经
常发生变化。除此之外,由于主网或者微电网的内部故障,还会形成不同
大小的可控孤岛。在这些环境下,继电器之间的协调可能会失效,只有一

组整定值的普通过电流保护可能会变得不再适用,不能对所有可能的故障都保证动作的选择性。因此,随着电网拓扑和位置而动态选定过电流保护的整定值是十分必要的,否则可能会出现误动或拒动。为了解决这个由分布式电源接入带来的问题,保护继电器的整定可以结合电流方向检测的过电流保护实现一种灵活的自适应。自适应整定意味着继电器特性的连续自适应调节或者保护整定值组(settings groups)的自动切换。

自适应保护定义为"通过外部产生的信号或控制行为在线实时地修改保护策略,以响应系统状态或要求的变化"。在笔者看来,切实实现微电网自适应保护的技术需求和建议有:使用数字式方向过电流继电器;所采用的数字式方向过电流继电器必须能够提供不同的脱扣特性(多组整定值,比如用于低压的现代数字过电流保护有 2~3 组整定值),可以本地、远程、自动或者手动进行参数重置;使用新的/现存的通信设施(比如双绞线、电力线载波或无线电)和标准的通信协议(Modbus,IEC 61850 等)。

通信时延和保护配置最大时延对自适应保护来说并不是关键因素,因为通信基础设施只在故障前收集微电网的配置信息并相应地改变继电器的整定值。互锁功能在需要的情况下可以通过物理的点对点连接实现。对于类似 Modbus 这样的主从协议,假设在过渡阶段具备基本的后备保护功能,网络配置的变化必须在 1~10s 内鉴别出来(这取决于网络规模的大小),同时保护系统的重新配置也必须在相同数量级的时间内完成。对于类似 IEC 61850 这样的点对点网络协议,网络配置的变化可触发保护的重新配置,保护配置可接受的时延与主从类协议相等。

下面的章节给出了基于提前计算和"可信的"整定值组来进行微电网动态自适应保护设计的步骤,还讨论了另一种基于实时计算整定值的自适应保护的设计方案。

## 4.4.2　基于提前计算整定值的自适应保护

可以用下面的例子说明集中式自适应保护系统的原理。图 4-4 中的微电网,除了主要的开关设备,还包括一个微电网中央控制器(MGCC)和一套通信系统。MGCC 的功能可以通过位于二级配电变电所(MV/LV)的可编程序逻辑控制器(PLC)、工作站或一般的计算机实现。MGCC 与每个集成方向过电流保护的断路器采取主—从结构。通信系统使用标准的工业通信协议 Modbus 和串行通信总线 RS-485,使这些断路器具备与 MGCC交互信息的能力。通过轮询,MGCC 可以从各个断路器读入数据(电气量、状态),并在必要时修改继电器的整定值(脱扣特性)。

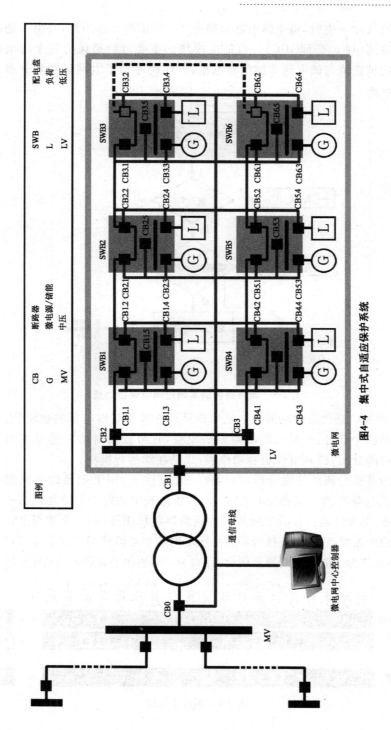

图4-4　集中式自适应保护系统

当故障发生时,每个继电器依照图 4-5 所示的算法动作,并由本地决定是否跳闸(独立于 MGCC)。自适应模块的主要目的是保持每个过电流继电器的整定值与微电网当前的状态相符(同时考虑了电网配置和分布式电源的状态)。

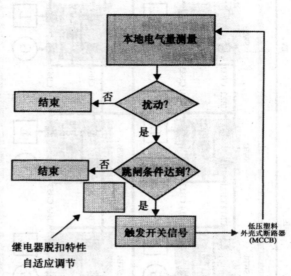

图 4-5　断路器内的本地过电流保护功能

MGCC 自适应模块的任务是周期性检查并更新继电器的整定值,它主要包括两个部分:一是离线故障分析模块,它可提前对给定的微电网进行离线故障分析,得到事件表和动作表;二是在线运行模块。

为了进行离线故障分析,会建立一套事件表,用于记录微电网配置和分布式电源的馈入状态(运行/停运)。事件表中的每个记录均包含一系列的元素,元素的数目与微电网监测的断路器数目相等(有些元素可能比其他元素的优先级高,比如连接低压和中压电网的中心断路器),元素为二进制编码,即元素为 1 时表示断路器闭合,元素为 0 时表示断路器断开(图 4-6)。

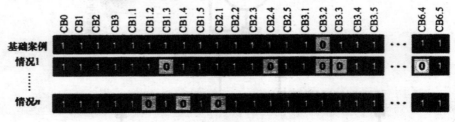

图 4-6　事件表结构

另外,流经所有被监测断路器的故障电流是通过对微电网的不同位置发生不同类型的短路故障(三相故障、相对地故障等)进行仿真获得的。通过更改微电网的拓扑或单个分布式电源或负荷的状态,反复计算短路故障电流。对微电网不同状态下、不同故障位置进行处理,将计算的结果(流过每个继电器故障电流的幅值和方向)以特定的数据格式记录下来。

基于这些结果计算出每个方向过电流保护继电器的整定值,适用于各种特定系统状态,可保证微电网保护的选择性。

将这些整定值收集到一个与事件表具有相同维数的动作表中。除了管理保护配置,还可以完成其他的行为,比如激活保护功能,举例来说,在孤岛情况下,可以激活方向联锁功能。

微电网保护和控制系统体系分为如下几层.

(1)外部层代表电力市场价格、天气预报、启发式策略指令和其他电网信息。

(2)管理层包括历史测量值和配电管理系统(DMS)。

(3)配置层包括处于中心位置(变电站)或本地(配电盘)的工作站或PLC,能够检测系统状态的变化并发送需要的动作指令给硬件层。事件表和动作表属于微电网保护与控制系统的配置层。

(4)硬件层通过通信网络从配置层传递需要的动作信息给现场设备。如果微电网的规模较大,这一功能可以分配给数个本地控制器,这些控制器只传递选定的信息给中心单元。

(5)保护层可能包括断路器的状态、整定值和联锁功能配置等信息。保护层与实时测量层一起内置于现场设备。

在线运行时,MGCC通过监测方向过电流继电器来监测微电网的运行状态。这一过程周期性进行或通过事件触发(断路器跳闸、保护报警等),如图 4-7 所示。MGCC根据接收到的微电网状态信息构建状态记录(该状态记录与事件表中单个记录的维数相同),匹配事件表中的对应记录。最后,算法从动作表对应的记录中获取提前计算好的继电保护整定值组,并通过通信系统上传给现场设备。MGCC也可以传递指令给现场的保护装置,来切换系统配置过程中预先存储在保护设备中的整定值组。

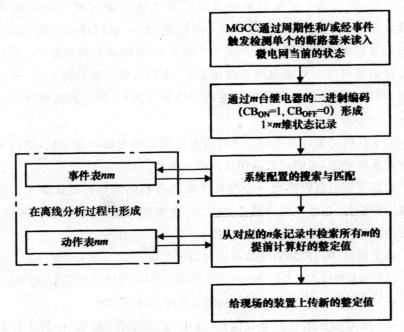

图 4-7　带参考表(事件和动作表)的在线自适应保护算法步骤

## 4.4.3　基于实时计算整定值的自适应保护系统

　　基于实时计算整定值的保护系统与采用提前定义好整定值的保护相对应,也是一种集中式的可选方案,这种保护系统在微电网拓扑结构(电网结构或分布式电源连接状态)发生变化后马上进行整定值的再次计算。该方案可以基于多功能智能数字式继电器(Multifunctional Intelligent Digital Relay,MIDR)实现。当故障发生时,MIDR 产生选择性跳闸信号,并传递给相应的断路器。MIDR 允许分别对来源于设备和电网的模拟或数字信号进行连续实时的监测,并可以将状态估计程序集成到保护系统配置中,以监测分布式电源的运行状态,实现与保护系统之间的数据传递。从而可以对新的网络运行状态进行评估,对保护系统的运行状况进行分析,同时在需要的情况下对保护的整定值进行调整。图 4-8 为已开发的自适应继电保护的算法。该流程包含两个模块,即实时模块和非实时模块。

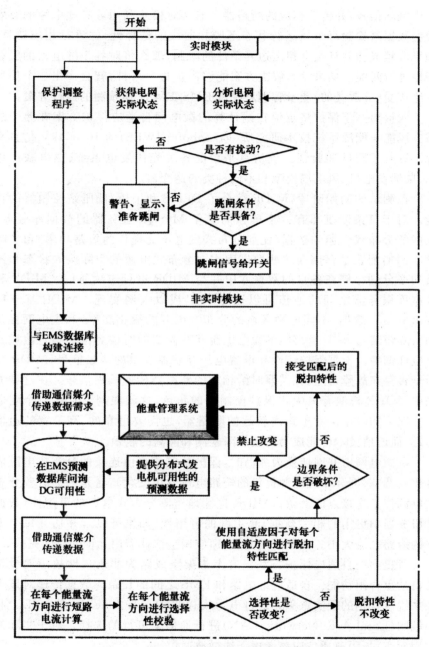

图 4-8　简化的自适应保护系统算法流程图

实时模块利用连续参数测量得到的数据分析微电网的实际状态,并按已调整的保护装置脱扣曲线检测电网扰动。一旦检测到跳闸条件,MIDR

产生跳闸信号,并传给相应的断路器。非实时模块利用分布式电源的有效预测数据来检验每个新运行状态下脱扣曲线的选择性,并进行相应调整。如果调整成功并且没有超出边界条件的限制,那么将对各个继电器的脱扣特性进行匹配。如果没有解决方案能够满足边界条件,就会产生一个信号拒绝接受(分散式的)能量管理系统(DEMS/EMS)所预测的运行方案。

所提出基于保护整定值在线计算的微电网自适应保护方案在弗劳恩霍夫风能与能源系统技术研究所(Fraunhofer IWES)的 10/0.4kV 仿真平台上进行了测试和验证。该仿真平台配备了光伏发电系统、热电联产单元、柴油发电机、风电场模型和不同种类的逆变器。

在测试的初始阶段,MIDR 综合了 DEMS 和中压/低压站控制器的功能。对于每条馈线都有一个单独的基于 MySQL 服务器的数据库服务。互联的分布式电源的数据(比如分布式发电单元提供的短路功率)和实际微电网的配置都存储在这些数据库中。分布式电源的实际接入状态和短路功率分别存储在各自的数据库中并与 MIDR 进行连续通信。MIDR 和数据库服务器之间的通信可以通过 PLC 或以太网实现。MIDR 基于所需求的运行数据(不同电网区域的分布式电源的短路功率)和主电网提供的实际短路功率,计算可能的短路电流并在需要的时候对保护整定值进行适应性调整。根据保护特性和电流电压互感器提供的测量信号,MIDR 判断是否存在故障,并且在需要时给相应的断路器传递跳闸信号。在这种方法中,MIDR 扮演着集中式保护控制器的角色,这就限制了它在单个变电站情况下的应用。对于距离较远的断路器,也需要可靠的、高带宽的通信信道,而通信技术可能成为快速故障检测和隔离的瓶颈。

在微电网由并网切换为孤岛时,保护整定值将由连接的分布式电源的变化而调整(即分布式电源提供的短路电流发生变化),这是因为有些分布式电源位于连接点的上游。MIDR 连续地监测分布式电源的可用性(数据库服务器中可用的相关数据)和主网的可用性(如果可以),并估计每个方向的短路电流大小。在测试期间,自适应调整估计需用几秒的时间完成。

所提出的自适应保护方法没有考虑架空线路为非永久性故障而设置的自动重合闸功能。自适应继电器和 EMS 之间的长距离数据传递对该方法来说有特别的现实意义。通过电力线载波(Power Line Carrier,PLC)和局域网(Local Area Network,LAN)进行通信是可行的选择。对于实际的应用而言,长距离通信应该考虑无线微波通信。

对于配电网自适应网络保护的实现,现存的通信系统和方式仍然可以采用。IEC 61850 标准允许通过阶段性发送电报的方式进行实时通信。如果发送单元状态突然发生变化,电报(Genetic Object Oriented Substation

Event,通用的面向对象的变电站的事件,即 GOOSE 信息)将会在状态发生变化后几毫秒内发送。这样一来,可以实现微电网状态变化的快速检测,其通信连接可以通过通用接口(RS-485 和光纤等)和协议建立。

# 4.5 微电网的接地保护

## 4.5.1 交流微电网接地形式的选择

交流微电网接地形式的选择需要考虑低压配电网中的常用形式,微电网用户的需求等问题。不同的接地形式有不同的特点,用户需要根据自身的需求进行选择。下面依次对不同接地形式在微电网中的应用进行分析。

### 4.5.1.1 TN 系统

TN 系统为接零保护系统。电气设备的金属外壳与工作零线相接。在采用 TN 系统的地区,微电网宜采用 TN 接地形式,其要点总结如下。

(1)微电网不宜采用 TN-C 系统。

(2)当变电所位于建筑物之内时,建议微电网采用 TN-S 系统,并实施等电位联结。

(3)当变电所位于建筑物之外时,建议微电网采用 TN-C-S 系统(前一部分是 TN-C 方式供电,而后一部分采用 TN-S 方式供电),并实施等电位联结。

### 4.5.1.2 TT 系统

在采用 TT 系统(保护接地系统,电气设备的金属外壳直接接地)的地区,微电网宜采用 TT 接地形式,TT 系统尤其适用于无等电位联结的户外场所,例如户外照明、户外演出场地、户外集贸市场等场所的电气装置。

### 4.5.1.3 IT 系统

IT 系统(不接地系统,无中性线引出)供电可靠性较高,但也存在一些问题,如 IT 系统不宜配出 N 线,因为一旦配出 N 线,当 N 线由于绝缘损坏而接地时,绝缘监视器不易发现,导致故障潜伏,IT 将变成 TN 系统或 TT 系统,失去了 IT 系统供电可靠性高的优点,所以它只能提供 380V 线电压,要获得 220V 电压必须使用变压器,增加成本。IT 系统通常用于对供电可靠性要求高和某些电气危险大的特殊场合,如医院手术室、矿井等。这些场合的微电网中微电源都不配出中性线,中性点也不接地,微电源外露可导电部分接地。

## 4.5.2 直流微电网接地形式

直流系统也可以分为 TN(包括 TN-S、TN-C、TN-C-S)系统、TT 系统以及 IT 系统。直流系统的正负极可以有一极接地,也可以都不接地。这取决于运行环境的要求,或者其他考虑,如为避免接地系统导体腐蚀的问题。

### 4.5.2.1 TN-S 系统

直流 TN-S 系统如图 4-9 所示,在整个系统中接地的导线(类型 a)、中点导线(类型 b)及保护线 PE 是分开的,设备外露可导电部分接到保护线 PE 上。

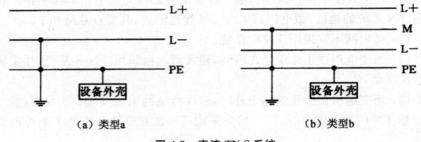

(a) 类型a          (b) 类型b

**图 4-9　直流 TN-S 系统**

### 4.5.2.2 TN-C 系统

直流 TN-C 系统如图 4-10 所示,在整个系统中,类型 a 接地的导线和保护线是合一的,称为 PEL 线;类型 b 接地的中点导线和保护线是合一的,称为 PEM 线;设备外露可导电部分接至 PEL 或 PEM 线上。

### 4.5.2.3 TN-C-S 系统

直流 TN-C-S 系统如图 4-11 所示,接地的导线(类型 a)和中点导线(类型 b)及保护线有一部分是合一的,在某点分开后就不再合并;对于类型 a,设备外露可导电部分接至 PEL 或 PE 线上;对于类型 b,设备外露可导电部分接至 PEM 或 PE 线上。

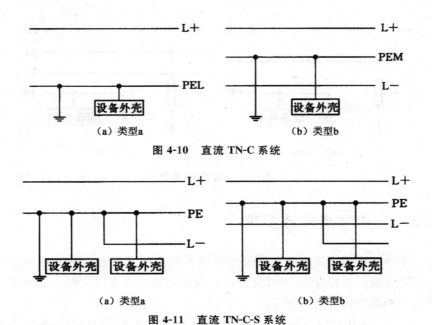

（a）类型a　　（b）类型b

图 4-10　直流 TN-C 系统

（a）类型a　　（b）类型b

图 4-11　直流 TN-C-S 系统

#### 4.5.2.4　TT 系统

直流 TT 系统如图 4-12 所示，对于类型 a，其中一极引出的导线接地，设备外露可导电部分接至单独的接地极上；对于类型 b，中点引出线接地，设备外露可导电部分也接至单独的接地极上。

（a）类型a　　（b）类型b

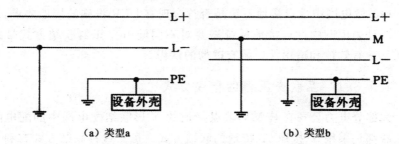

图 4-12　直流 TT 系统

#### 4.5.2.5　IT 系统

直流 IT 系统如图 4-13 所示，直流电源的正负极都悬空，或者其中的一极通过高阻抗接地，设备外露可导电部分接至单独接地极上。

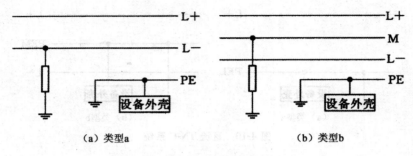

（a）类型a　　　　　　　　　　　　　　（b）类型b

图 4-13　直流 IT 系统

## 4.5.3　中性点接地要求

中性点接地系统必须要确保微电网在孤岛状态下或者独立模式运行时得到有效的故障保护、绝缘完整性以及安全性。微电网中性点接地系统的设计和发展应考虑以下几点。

（1）当中压/低压（MV/LV）配电变压器为△-Y 联结方式时，如何为独立微电网的中压系统提供有效的中性点接地。

（2）如何向独立微电网的低压配电系统提供有效的中性点接地，尤其是当 MV/LV 配电变压器为 Y-接地/Y-接地的联结方式时。

（3）如何做到微电网中压系统接地和向微电网供电的主电网馈线系统接地之间的相互兼容。

（4）微电网中性点接地系统是否符合现有 DER 设施的接地要求。

设计微电网中性点接地系统需要对不同配电变压器联结方式带来的接地系统有效性和适用性影响有透彻的认识。

### 4.5.3.1　互联变压器的接线方式

大部分电力公司在其 MV 多点接地的 Y 形联结配电网中的配电降压变压器都是采用 Y-接地/Y-接地的联结方式。虽然这种联结方式有利于向传统负荷用户供电，但是这可能会给有互联微电源的微电网运行带来一定问题。对于微电网，更应该考虑其他的联结方式，例如 Y-△联结或者△-△联结。在确定配电变压器的联结方式时，必须考虑以下几个因素：反馈电压和避雷器额定值；接地继电器的配合；馈线负荷不平衡；馈线的接地继电器；对接地变压器的要求；低压系统故障电流等级。

（1）反馈电压和避雷器额定值。传统的中压配电网均为有效接地，对于 MV/LV 配电变压器通常中压侧为 Y-接地联结方式，而低压侧为△接线方式。整个系统的 $X_0/X_1$ 比值通常小于或等于 3.0。因此,80%额定值的避雷器可适用于沿馈线的任何地方,包括微电网的中压系统。由于微电源的存在,使得独立微电网的接地情况变得稍显复杂。如果在中压系统发生单相接地故障,微电网会在 PCC 处自动与主电网解列,从而将主电网变电站的接地源完全从微电网中断开,但是微电网中压系统将依然由微电源供电。在这种情况下,接地和可能的过电压状况将主要取决于微电源变压器的联结方式以及微电源本身的接地情况。然而,一台 Y-接地/△接线方式的变压器(低压侧为△接线)可让中压系统有效接地并且 $X_0/X_1$ 比值小于3.0,因此变压器本身提供了一个接地源。在这种情况下,80%的避雷器都是可以有效使用的。

Y-Y 联结的变压器本身并不是接地源,而是零序电流的流通路径,因此,针对反馈情况的网状接地状况依赖于微电源本身的接地。如果是直接接地并且存在零序阻抗,那么 $X_0/X_1$ 的比值将小于或等于 3.0,因此可以安全使用 80%额定值的避雷器。但是如果没有接地或者是经阻抗接地,那么 $X_0/X_1$ 的比值将非常大,中压系统的健全相电压甚至可能超过正常的线电压。在这种情况下,应使用满额定值避雷器。△-△联结以及 Y-△联结的变压器(Y 形联结绕组应该连接在微电源侧)永远不会成为系统的接地源。对于这样的联结方式,应在馈线上连接接地装置(Grounding Bank)以限制过电压,或者将整条馈线上 80%额定值的避雷器全部换为满额定值的避雷器。并且在采用相中性线连接的变压器的微电网中,也需要认真研究过电压对其他电气设备的影响。

如果微电源为同步发电机,保持馈线有效接地(在中压系统接地故障时切除微电源期间)的一种方法是经电抗器接地,以保证系统 $X_0/X_1$ 的比值小于或等于 3.0。虽然发电机中性点直接接地更容易实现,但是在此情况下,单相接地故障电流将大于三相故障电流,这是由于发电机的 $X_0$ 通常比 $X_1$ 小。因此,大容量发电机不允许直接接地。小的微电源可能不会受到这一限制,但是制造厂家还是要考虑微电源在直接接地的条件下能否运行。

(2) 接地继电器的配合。继电器、自动重合闸以及熔断器串联在配电线路上,它们应该协调配合以确保距离故障处更远的设备有更长的跳闸时间。对于微电源,应按以下顺序进行故障跳闸(跳闸时间从低到高排列):低压断路器或者微电源接触器→微电源断路器上游的重合闸熔断器→微电网公共连接点处主线路断路器→配电变压器中压侧的设备→电网变电站线路断路器。

这意味着对于某些故障,最上游设备的动作时间可能会非常长。

如前所述,就联网运行的微电网而言,发生三相故障、相间故障以及连续的相接地故障,其保护设备可能不会有任何配合问题。因为在上述情况下相故障电流与负荷电流之间的比值非常大。但是这一比值对于高阻抗单相接地故障而言可能还不够大,从而可能导致故障检测灵敏度的降低。在这种情况下,Y-△联结的变压器由于能够阻隔零序电路,所以会比 Y-Y 联结的变压器更有优势。对于 Y-△联结的变压器,当低压微电源系统发生故障时零序电流是无法流入馈线的。因此中压接地故障继电器为了更快地动作可能会设置一个较低的动作电流,因为它们无须与微电源接地继电器配合。

(3) 馈线负荷不平衡。在正常状态下大部分配电馈线的运行负荷几乎都是平衡的,但是由于一些故障(如有意或者无意地断开单相支路)可能会使馈线电流变得不平衡。在这种情况下,作为接地源的低压侧为△绕组(微电源侧)的 Y-△变压器很有可能会产生不平衡负荷电流。而采用变压器 Y 绕组中性点经电抗器接地的方案,可缓解馈线不平衡过电流的状况。安装的电抗器增加了变压器的有效零序电抗,从而减少了流过变压器的不平衡电流的百分值。虽然 Y-Y 变压器的情况没有 Y-△变压器严重,但是同样会受到由于馈线负荷不平衡带来的影响。

(4) 馈线的接地继电器。

①对于馈线。由于 Y-△变压器低压侧的△绕组可作为自身的接地源,它可以将一些来自变电站接地继电器的零序故障电流分流。这不应该成为一个大问题,因为依然有足够的电流使接地继电器动作。但是如果①微电源短路产生了足够的电流如使得电源侧接地继电器根本不动作以及②由于熔断器保护使变压器断路器或者重合闸不能正确动作,就可能出现问题了。在这种情况下,快速跳闸元件的动作时间应稍作延迟,以保证在首次跳闸之前熔断器能够动作。

②对于微电源。由于△-△联结以及 Y-△联结的变压器能够有效地将微电源零序回路与中压系统隔离,如果在变压器低压侧检测到任何零序电流或电压,则表明微电源发生了故障。检测中压侧是否发生接地故障需要测量变压器中压侧的 $E_0$、$I_0$ 或者两者都测量。在这种情况下,由于 Y-△联结变压器的 Y 形绕组是与中压侧连接的,在变压器中性点处安装一台电流互感器可以非常容易地得到 $I_0$。然而如果三角形绕组连接中压侧,那么通过与微电源连接的变压器中压侧的电压互感器开口三角可测得 $E_0$。对于 Y-Y 联结的变压器,可以通过测量微电源变压器低压侧的 $I_0$ 和 $E_0$ 非常容易地检测到中压侧接地故障。较之 Y-△联结的变压器需要连接中压侧检测设备来说,这无疑是更经济的选择。然而,仅仅使用 $E_0$ 是很难确定是低

压侧或中压侧发生了故障,虽然两种情况都要跳闸,但在对故障准确定位时可能会出现混淆。

(5) 对接地变压器的要求。当微电源通过△-△联结或者 Y-△联结变压器互联形成有效的接地源时,较之改变主配电变压器的联结方式,安装接地变压器是更为经济的选择。在这种情况下,对接地变压器的阻抗要求在很大程度上取决于微电源的千伏安额定值。接地变压器的千伏安额定容量也会远远小于主配电变压器。安装接地变压器还允许选择 $X_0$ 的最优值,而不依赖于主变压器的阻抗值。

(6) 低压系统故障电流等级。联网运行微电网低压系统的三相和相间故障短路电流的大小,并不会受到变压器联结方式的影响。但是,对单相接地短路故障电流的影响却非常明显。根据微电源接地方式的不同,对于使用 Y-Y 联结变压器的系统,单相接地故障电流的大小通常为变压器满负荷电流的 15~25 倍。而对于 Y-△联结的变压器,其对应的故障电流要远远小于 Y-Y 联结的变压器,而且仅受到微电源中性线阻抗的限制。如果微电源直接接地并且中性点在低压侧,Y-△联结变压器的故障电流会受到微电源自身阻抗的限制。△-△联结变压器产生的故障电流等级与 Y-△联结组别的相同,而 Y-△联结变压器(Y 绕组连接在微电源侧)却能提供和 Y-Y组别一样的电流。

### 4.5.3.2　接地系统的选择

由于任何特定的变压器联结方式都不具有优越性,微电网应该设计适合自身配电变压器互联方案的接地系统。如果采用 Y-接地/△变压器,那么微电网将保持有效接地,即使在微电网解列变为孤岛运行期间亦如此。但是如果使用 Y-接地/Y-接地变压器,那么接地的有效性将取决于微电源的接地系统,假设条件为它们都直接和同步发电机相连。如果微电源存在电力电子接口,那么将很难确定发生单相接地故障的微电网系统的阻抗特性。

但是,接地系统的选择通常并不是仅由 MV/LV 变压器联结方式决定的,还取决于主电网对接地配合的要求。如果需要,针对在公共连接点(PCC)处的隔离还需设计一些将接地系统快速接入的措施。

# 第 5 章　微电网的能量管理技术

不同于大电网的能量管理,微电网能量的不确定性和时变性更强。微电网能量管理包括数据收集、能量优化和配电管理。微电网能量优化管理需要解决的问题主要包括新能源的随机调度问题和分布式电源的机组组合问题(Unit Commitment,UC)。新能源随机调度问题的关键技术是通过分布式发电功率预测技术和负荷预测技术将不确定的能量优化问题转换成确定性问题。机组组合问题是指根据各机组的运行成本为其分配在调度周期内各个时段最优的运行状态,其中涉及优化建模技术和优化算法。为实现微电网的能量管理,需要实现分布式发电功率预测、负荷预测,并在此基础上建立微电网能量管理的元件模型,进而进行能量优化计划,保障微电网的经济稳定运行。

## 5.1　概述

在微电网中由于系统电源种类多、间隙性发电占比大、运行经济性要求高等特点,分布式电源需要应用能量管理技术,但目前的能量管理、经济运行等功能主要是在实验系统或示范工程中运行。

微电网运行控制与能量优化管理和传统大电网经济调度存在明显的差别。首先,分布式电源中的太阳能、风能等可再生能源受气候因素影响很大,具有较大的随机性,调度控制难度较大。其次,不同类型、容量的分布式电源运行和维护成本大相径庭,需要区别对待。

### 5.1.1　电源/能量管理策略要求

微电网是分布式电源接入电网的一种模式,同时也是给较为困难地区供电的重要手段,其能量管理系统需要根据微电网的应用场合考虑短期功率平衡和长期能量管理两方面的内容。

#### 5.1.1.1　短期功率平衡

短期功率平衡的内容包括以下方面。

（1）有较强的动态响应能力，能够实现电压/频率的快速恢复。

（2）能够满足敏感负荷对电能质量的要求。

（3）能够实现负荷追随、电压调整和频率控制。

（4）能够实现主电网恢复后的再同步。

### 5.1.1.2　长期能量管理

长期能量管理的内容包括以下方面。

（1）考虑分布式电源的特殊要求及其限制，包括分布式电源的类型、发电成本、时间依赖性、维护间隔和环境影响等。

（2）维持适当水平的电量储备能力，安排分布式电源的发电计划使其满足多个目标。

（3）提供需求响应管理和不敏感负荷的恢复。

微电网的运行方式、电力市场和能源政策、系统内分布式发电单元的类型和渗透率、负荷特性和电能质量的约束，与常规电力系统存在较大的区别，因而需要对微电网内部各分布式电源单元间、单个微电网与主网间、多个微电网间的运行调度和能量优化管理研究制定出合理的控制策略，以确保微电网的安全性、稳定性和可靠性，保证微电网高效、经济地运行。

## 5.1.2　能量管理的内容

根据微电网能量优化管理需要解决的关键技术，可以将微电网的能量管理分为分布式发电功率预测、负荷管理、发用电计划等几个方面。分布式发电功率预测结合负荷管理中的负荷预测技术，通过预测方法将能量优化中的不确定性问题转换成确定性问题。通过建立微电网中各关键元件的模型，可采用优化算法得出优化计划结果，取得高效、经济的发用电计划。

（1）分布式发电功率预测技术主要是针对光伏发电和风力发电两种发电形式进行功率预测，一般包括短期预测和超短期预测。分布式发电功率预测系统一般通过资源监测数据和气象预报数据进行预测，得出适用于微电网能量管理的数据，为能量优化计划提供数据支撑。通常光伏发电和风力发电功率预测系统的建设需要进行资源监测和气象预报。对较小规模的微电网来说，发电功率预测系统的建设可能导致微电网能量管理系统成本增大。所以目前大多数微电网能量管理系统的发电功率预测应用还较少。

（2）微电网中的负荷管理包括负荷分级、负荷预测等内容，负荷通常根据微电网的应用场合进行分级,可分为重要负荷、可控负荷、可切负荷等,或者可按负荷分级标准分为1级、2级、3级负荷。负荷预测技术是微电网负荷管理的重要内容,由于微电网中负荷种类与配电网相比较少,统计规律性较小,其随机性更大,所以在微电网中进行负荷预测的难度相对较大。

（3）在微电网负荷预测技术中,除了根据传统的负荷预测方法得出将来负荷用电功率以外,还需要考虑发用电计划的安排情况,进而能够符合微电网能量管理与分析的需求。

## 5.1.3　能量优化计划的内容

微电网能量优化计划的内容包括光伏发电、风力发电、微型燃气轮机、燃料电池、同步电机、储能、负荷等的发用电计划,因此需要对相关设备进行建模,这些模型与暂态控制模型的偏重有所不同,暂态控制模型主要对元件的电压、电流等特性进行描述,而能量管理的元件模型主要对元件的功率和能量进行建模描述。微电网能量管理元件模型是能量优化目标函数的重要组成。

微电网能量优化计划在取得发电功率预测数据、负荷预测数据的基础上,通过能量管理元件模型建模形成微电网能量管理优化计划模型,以微电网运行安全为约束,以经济运行为目标,采用优化算法,算出未来一段时间的发用电计划,控制各发用电设备按计划运行,实现微电网的安全、经济运行。

## 5.1.4　微电网能量管理系统

目前现有的微电网能量管理系统在数据采集、状态监测等基本功能方面已经比较成熟;而在协调控制、能量优化、网络分析等高级应用功能方面,仍属于探索阶段,尚未形成清晰的技术领导者。如何合理设计并开发微电网能量管理系统,使之能够保证系统在不同运行模式、不同时序和不同约束下的安全稳定与经济运行,是为了适应微电网技术发展而亟须解决的关键问题。

微电网能量管理系统是微电网优化控制的核心,主要负责微电网运行状态监测、多源协调控制和能量优化管理。

微电网监控系统主要应用于微电网系统内多种分布式电源/储能/负荷的协调控制、微电网系统的优化运行和能量管理。系统集成了短期甚至超短期的可再生能源的发电预测和负荷需求预测、机组组合、经济调度、实时管理、运行状态平稳切换以及各种运行控制等应用软件。其主要功能是在保证系统电能质量的前提下,通过在线优化智能调度实现微电网中多种DG 单元、储能单元和负荷之间的最佳匹配,实现多种 DG 单元的灵活投切,实现微电网在孤岛与并网两种运行模式下的稳定运行及模式之间的平滑转换控制。

### 5.1.4.1 能量管理系统控制结构

微电网运行控制与能量管理系统架构分为就地控制层、中央控制层和能量管理层三个层次。

(1)微电网就地控制层。光伏逆变器、风电逆变器、储能逆变器、微型燃气轮机逆变器、负荷侧实时将所采集数据上传到微电网控制器,同时接收微电网控制器下发的微电网控制策略指令,解析指令信息获取控制指令,控制所连接的接触器、断路器、二次设备保护装置等执行单元进行响应动作。

(2)微电网中央控制层。接收所连接的各个终端上传的数据,根据预先设定的微电网控制策略进行逻辑判断,得到微电网控制判据执行指令后,返回控制指令给相应的终端控制器;通过以太网接入微电网能量管理系统,利用 TCP/IP 协议上传微电网实时数据给微电网能量管理系统。

(3)微电网能量管理层。全面监视整个微电网设备的运行情况,实时分析微电网的运行情况并实时更新计算整个微电网优化、经济运行结果,同时实现微电网重要数据的实时存储,并可将数据上传至上级调度系统。

微电网的控制方法目前主要有主从控制、对等控制和多代理控制等方法。以主从控制方法为例,根据集中管理和分散控制的思想,对设备进行分层/分级控制,通过对风力发电、光伏发电、储能装置和负荷的协调控制,实现系统的稳定优化运行。控制系统结构具体分为配电网调度层、微电网集中控制层和就地控制与保护层。配电网调度层主要负责下发调度指令,集中控制层微电网主站负责能量管理策略的制定,微电网控制器负责优化协调控制,底层分布式电源/储能/负荷负责供用电调节的执行。其中参与协调控制的设备,如各类逆变器和测控终端,通过微电网控制器接入微电网能量管理系统;不参与协调控制的设备,如环境检测仪、电能质量分析仪等,通过通信管理机接入微电网能量管理系统。

### 5.1.4.2 微电网能量管理系统结构

系统平台是微电网能量管理系统运行的环境,包括硬件环境和软件环境,具体结构分为硬件系统层、操作系统层、支撑平台层和功能应用层,如图 5-1 所示。

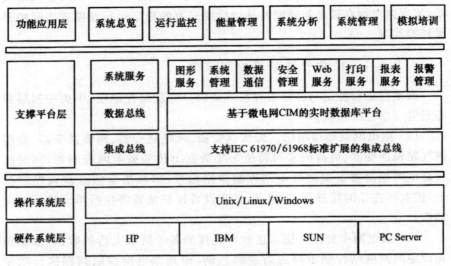

图 5-1　平台架构图

系统的总体结构分为以下四个层次。

第一层:硬件系统层。系统在网络结构、计算机硬件的配置上都遵循开放性的原则,采用分布式结构,以达到系统的可扩充性、可维护性。

第二层:操作系统层。支持 Unix/Linux/Windows 操作系统;可采用混合平台架构。

第三层:支撑平台层。系统建立在扩展微电网 CIM 的支撑平台之上。支撑平台可分为系统集成总线、基于实时数据库和商用关系数据库的数据总线以及通过集成总线和数据总线提供的公用系统服务。

第四层:功能应用层。该层包括系统总揽、运行监控、能量管理、系统分析、信息管理功能模块。

### 5.1.4.3　微电网能量管理系统功能结构

为了更好地监控系统,优化资源并完成业务处理,系统应用功能主要包括系统总览、运行控制、能量管理、系统分析、系统管理和模拟培训等几大功能模块,如图 5-2 所示。其中运行控制、能量管理、系统分析为核心功能,三者的关系如图 5-3 所示。

图 5-2　功能架构图

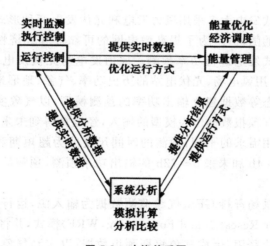

图 5-3　功能关系图

（1）系统总览。具有整个微电网系统综合信息展示功能,可反映微电网运行监控状况和能量优化管理情况,主要包含系统结构、功率曲线、状态环境等模块。

（2）运行控制。具有对分布式电源/储能/负荷进行监视、测量和控制的功能,可为系统分析模块提供分析数据,执行能量管理模块传达的协调控制指令,主要包含微电网 PCC、储能系统、负荷系统等模块。

（3）能量管理。是根据分布式发电预测和负荷预测结果,结合运行监控模块实测数据和系统分析模块分析结果,确定分布式电源/储能/负荷的协调优化控制策略,主要包含能量优化、风电预测、负荷预测等模块。

（4）系统分析。主要是根据监测数据进行实时态、研究态、历史态下的状态分析、安全分析、经济分析和需求分析。

（5）系统管理。对系统内的设备运行信息、保护信息进行集中显示,对报警事件、操作日志、报表图形等进行操作管理。

（6）模拟培训。对系统管理人员进行培训,模拟各种运行工况,进行操作控制。

# 5.2　分布式发电功率预测

## 5.2.1　功率预测原理

目前分布式发电大多采用风力发电和光伏发电两种形式,其发电功率大小具有很强的随机性,为了提高微电网的可靠性和经济性,有必要对微电网中的分布式发电进行功率预测。风力发电与光伏发电预测技术具有一定的共性,采用风电场、光伏电站的历史功率、气象、地形地貌、数值天气预报和设备状态等数据建立输出功率的预测模型,以气象实测数据、功率数据和数值天气预报数据作为模型的输入,经运算得到未来时段的输出功率值。根据应用需求的不同,预测的时间尺度分为超短期和短期,分别对应未来 15min～4h 和未来 0～72h 的输出功率预测,预测的时间分辨率均不小于 15min。

以全球背景场资料 GFS、气象监测数据为输入源,运行中尺度天气预报(the Weather Research and Forecasting,WRF)模式,并将模式结果进行降尺度的精细化释用,生成气象短期预报数据;以实测气象数据校正后的气象预测值作为功率转化模型的输入,实现功率短期预测。

风力发电和光伏发电功率超短期预测建模方法一般是基于气象监测数据和电站监控数据,利用统计方法或学习算法建立功率超短期预测模型。对于光伏发电,由云引起的功率剧烈变化很难用统计方法实现准确预测。这一问题的解决,需要对云和地表辐射进行长期的自动监测,通过云的预测和云辐射强迫分析,结合光电功率转化模型实现电站功率超短期预测。

## 5.2.2　功率预测方法

目前国内外已经提出很多用于新能源发电功率预测的方法,常用的新能源发电功率预测方法有物理方法、统计方法和组合方法。其中:①物理方法主要通过中尺度数值天气预报的精细化释用,进行场内气象要素计算,并建立风/光发电转化模型进行功率预测;②统计方法则是基于历史气象数据和电站运行数据,提取功率的影响因子,直接针对发电功率与影响因子的量化关系进行建模;③组合方法则是在多种预测方法的基础上,通过综合利用各种方法预测结果来得出最终的预测结果。

### 5.2.2.1　物理预测方法

物理预测方法主要是根据数值天气预报结果来模拟风电场范围内的天气,并将预测到的风电场内风向、风速、大气压、空气密度等天气数据结合风电机组周围物理信息与风电机组轮毂高度等信息建立物理预测模型,最后利用风电机组功率曲线得到预测功率。物理方法预测风电功率时,往往要考虑尾流效应的影响。从空间角度来看,风速序列表现出无规律、大幅度的波动;从时间角度来看,风速包含的趋势分量取决于大气分量的持续性,而随机分量取决于大气运动情况,因此难以建立普适性的物理模型进行分析和预测,给预测结果带来了无法避免的误差。

在光伏发电预测中,物理预测方法是根据光伏电站所处的地理位置,综合分析光伏电站内部光伏电池板、逆变器等多种设备的特性,得到光伏电站功率与数值天气预报的物理关系,对光伏发电站的功率进行预测。该方法建立了光伏电站内部各种设备的物理模型,物理意义清晰,可以对每一部分进行分析。

由于物理方法是建立在数值天气预报之上,因而预测结果往往取决于数值天气预报结果的准确性。

### 5.2.2.2　统计预测方法

统计预测方法不考虑发电机组所在区域的物理条件和光照、云层、风速、风向变化的物理过程,仅从历史数据中找出光照、风速、风向等气象条件与发电功率之间的关系,然后建立预测模型对分布式发电功率进行不同时段内的预测。常用的统计方法主要有卡尔曼滤波法、自回归滑动平均法、时间序列法、灰色预测法、空间相关法等。该方法短时间预测精度较高,随着时间增加,预测精度下降。统计方法一般需要大量的历史数据进行建模,对初值较敏感,进行平稳序列预测精度较高,对不平稳风和阵风的预测精度较低。

另外,该方法能够较好地反映风电功率的非线性和非平稳性,预测精度较高。目前应用于功率预测的学习方法主要有人工神经网络、支持向量机等。

### 5.2.2.3 组合预测方法

组合预测方法的基本思想是将不同的预测方法和模型通过加权组合起来,充分利用各模型提供的信息,综合处理数据,最终得到组合预测结果。分布式发电功率组合预测方法,就是将物理方法、统计方法等模型适当组合起来,充分发挥各方法优势,减小预测误差。一般来讲,混合方法建立的模型预测精度较好,但模型复杂。

组合预测方法的关键是找到合适的加权平均系数,使各单一预测方法有效组合起来。目前应用较多的方法有等权重平均法、最小方差法、无约束(约束)最小二乘法、贝叶斯法(Bayes)等。

## 5.2.3 功率预测应用

风电、光伏功率预测功能一般以软件模块作为微电网能量管理系统的有机组成部分,在预测风电、光伏发电功率的同时也承担微电网所处区域气象信息的收集与分析工作。

该软件是一个在分布式计算环境中的多模块协作平台软件集合,功率预测软件数据流程图如图 5-4 所示。

### 5.2.3.1 系统软件模块功能

预测数据库是整个预测系统的数据核心,各个功能模块都需要通过系统数据库完成数据的交互操作。系统数据库中存储的数据内容包括数值天气预报、自动气象站实测气象数据、实时有功数据、超短期辐射预测、时段整编数据、功率预测数据等。

人机界面是用户和系统进行交互的平台,人机界面中以数据表格和过程线、直方图等形式向用户展现了预测系统的各项实测气象数据、电站实时有功数据和预测的中间、最终结果。

数据接口模块实现数值天气预报、自动气象站实测气象数据(含测风塔、辐射监测站)、实时有功数据等信息的自动采集,并支持预测、分析结果等信息输出至微电网能量管理系统。

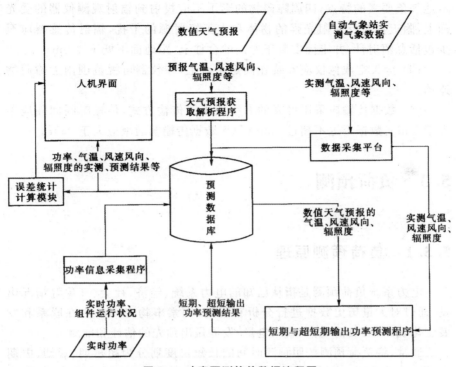

图 5-4　功率预测软件数据流程图

　　数据处理模块实现自动气象站实测气象数据的质量控制、时段整编、异常及缺测数据标识；实现全天空成像仪图片解析、图形图像处理及云图运动矢量输出；实现实时有功数据的质量控制、异常及缺测数据标识。

　　短期和超短期输出功率预测模块从预测数据库中获得数值天气预报、自动气象站实测气象数据、逆变器、风电机组工况等，以此为输入，应用各种模型计算短期和超短期功率预测结果并存入预测数据库。

　　误差统计计算模块中输入不同时间间隔的预测和实测输出功率数据，统计合格率、平均相对误差、相关系数；通过存入预测数据库、输出误差计算结果到人机界面。

### 5.2.3.2　气象监测

对新能源发电相关的气象信息采集设备要求如下。

（1）测风塔位置应具有代表性，能代表区域风能资源特性，且应不受周围风电机组和障碍物影响，测风塔的风速、风向监测高层应至少包括 10m、30m 和 50m；温度、湿度和气压传感器应安装在 10m 高度附近。

（2）辐射监测设备所处位置应在光伏发电站范围内，且能较好地反映本地气象要素的特点,四周障碍物的影子不应投射到辐射观测仪器的受光面上,附近没有反射阳光强的物体和人工辐射源的干扰,辐射传感器应至少包括总辐射计,并牢固安装于专用的台柱上,距地面不低于 1.5m。

（3）全天空成像仪应安装在固定平台上,在仪器可视范围内无障碍物遮挡。

（4）数据传输应采用可靠的有线或无线传输方式,传输时间间隔应不大于 5min,数据延迟不超过 1min,每天数据传输畅通率应大于 95%。

# 5.3 负荷预测

## 5.3.1 负荷预测原理

电力系统负荷预测是指从已知的电力系统、经济、社会、气象等情况出发,通过对大量历史数据进行分析和研究,探索事物之间的内在联系和发展变化规律,对负荷(功率或用电量)发展做出预先的估计和推测。

通常,将负荷预测按照预测时间的长短尺度划分为超短期、短期、中期和长期负荷预测。在实际的负荷预测工作中,为保证预测的准确性,需满足以下要求:历史数据的可用性、预测手段的先进性、预测方法的适应性。

预测误差是指预测结果与实际值之间的差距。预测误差可以直观地反映预测模型的性能。因此,应对预测误差的产生原因进行分析,并设法使预测模型达到最好的预测效果。经过研究分析发现,产生预测误差的主要原因有以下方面:突发事件、历史数据异常、预测方法不适应。

评价预测模型性能和预测精度的一般标准是预测误差,良好的预测模型产生的预测误差在满足精度要求的同时,还要被限定在各自规定的波动范围内。预测误差是评价预测模型可靠性与精确程度的重要标志,预测人员可以根据预测误差的实际大小和稳定程度评价预测模型的准确性和适用性,同时,预测误差也为预测模型的优化和改进提供了依据。

## 5.3.2 分布式发电及负荷的频率响应特性

### 5.3.2.1 分布式发电有功输出功率的响应速度

微电网中的各类分布式发电对频率的响应能力不同,根据它们对频率变化的响应能力和响应时间,可以分为以下几类。

(1) 光伏发电和风力发电,其输出功率由天气因素决定,可以认为它们是恒功率源,发电输出功率不随系统的变化而变化。

(2) 燃气轮机、燃料电池的有功输出功率调节响应时间达到 $10\sim30\mathrm{s}$。如果微电网系统功率差额很大,而微电网系统对频率要求很高,则在微电网发生离网瞬间燃气轮机、燃料电池是来不及提高发电量的,因此,对离网瞬间的功率平衡将不考虑燃气轮机、燃料电池这类分布式发电的发电调节能力。

(3) 储能的有功输出功率响应速度非常快,通常在 $20\mathrm{ms}$ 左右甚至更快,因此可以认为它们瞬间就能以最大输出功率来补充系统功率的差额。储能的最大发电功率可以等效地认为是在离网瞬间所有分布式发电可增加的发电输出功率。

### 5.3.2.2　负荷的频率响应特性

电力系统负荷的有功功率与系统频率的关系随着负荷类型的不同而不同。一般有以下几种类型。

(1) 有功功率与频率变化无关的负荷,如照明灯、电炉、整流负荷等。

(2) 有功功率与频率一次方成正比的负荷,如球磨机、卷扬机、压缩机、切削机床等。

(3) 有功功率与频率二次方成正比的负荷,如变压器铁芯中的涡流损耗、电网线损等。

(4) 有功功率与频率三次方成正比的负荷,如通风机、静水头阻力不大的循环水泵等。

(5) 有功功率与频率高次方成正比的负荷,如静水头阻力很大的给水泵等。

不计及系统电压波动的影响时,系统频率与负荷的有功功率 $P_{\mathrm{L}}$ 关系为

$$P_{\mathrm{L}}=P_{\mathrm{LN}}(a_0+a_1f_*+a_2f_*^2+\cdots+a_if_*^i+\cdots+a_nf_*^n)\qquad(5\text{-}3\text{-}1)$$

式中:$f_*=\dfrac{f}{f_{\mathrm{N}}}$,N 为额定状况;\* 为标幺值;$P_{\mathrm{LN}}$ 为负荷额定频率下的有功功率;$a_i$ 为比例系数。

在简化的系统频率响应模型中,忽略与频率变化超过一次方成正比的负荷的影响,并将式(5-3-1)对频率微分,可得负荷的频率调节响应系数为

$$K_{\mathrm{L}*}=a_{1*}=\frac{\Delta P_{\mathrm{L}*}}{\Delta f_*}\qquad(5\text{-}3\text{-}2)$$

令 $\Delta P$ 表示盈余的发电功率,$\Delta f$ 表示增长的频率,则有

$$\begin{cases} \Delta P_{L_*} = \dfrac{\Delta P}{P_{L\Sigma}} = \dfrac{\Delta P}{\sum P_{Li}} \\[3mm] \Delta f_* = \dfrac{\Delta f}{f_N} = \dfrac{f^{(1)} - f^{(0)}}{f^{(0)}} \end{cases}$$

式中：$f^{(0)}$ 为当前频率；$f^{(1)}$ 为目标频率，如果因为发电量突变（如切发电机）而存在功率缺额 $P_{qe}$（若 $P_{qe} < 0$，则表示增加发电机而产生功率盈余），通过减负荷来调节频率，则有

$$K_{L_*} = \frac{\Delta P_{L_*}}{\Delta f_*} = \frac{\left( \dfrac{P_{qe} - P_{jh}}{P_{L\Sigma} - P_{jh}} \right)}{\left( \dfrac{f^{(1)} - f^{(0)}}{f^{(0)}} \right)}$$

式中：$P_{jh}$ 为需切除的负荷有功功率，若通过减负荷使目标频率达到 $f^{(1)}$，则需要切除的负载有功功率为

$$P_{jh} = P_{qe} - \frac{K_{L_*} (f^{(1)} - f^{(0)})(P_{L\Sigma} - P_{qe})}{f^{(0)} - K_{L_*} (f^{(1)} - f^{(0)})} \qquad (5\text{-}3\text{-}3)$$

如果因为负荷突变（例如切除负载）而存在功率盈余 $P_{yy}$（若 $P_{yy} < 0$，则表示增加负荷而存在功率缺额），通过切机来调节频率，则有

$$K_{L_*} = \frac{\left( \dfrac{P_{yy} - P_{qj}}{P_{L\Sigma} - P_{yy}} \right)}{\left( \dfrac{f^{(1)} - f^{(0)}}{f^{(0)}} \right)} \qquad (5\text{-}3\text{-}4)$$

根据式（5-3-4），若通过切机使目标频率达到 $f^{(1)}$，则需要切除的发电有功功率 $P_{qj}$ 为

$$P_{qj} = P_{yy} - \frac{K_{L_*} (f^{(1)} - f^{(0)})}{f^{(0)}} (P_{L\Sigma} - P_{yy})$$

## 5.4　微电网的功率平衡

微电网并网运行时，通常情况下并不限制微电网的用电和发电，只有在需要时大电网通过交换功率控制对微电网下达指定功率的用电或发电指令。即在并网运行方式下，大电网根据经济运行分析，给微电网下发交换功率定值以实现最优运行。

### 5.4.1　并网运行功率平衡控制

微电网并网运行时，由大电网提供刚性的电压和频率支撑。通常情况

下不需要对微电网进行专门的控制。

在某些情况下,微电网与大电网的交换功率是根据大电网给定的计划值来确定的,此时需要对流过公共连接点(PCC)的功率进行监视。

当交换功率与大电网给定的计划值偏差过大时,需要由 MGCC 通过切除微电网内部的负荷或发电机,或者通过恢复先前被 MGCC 切除的负荷或发电机将交换功率调整到计划值附近。实际交换功率与计划值的偏差功率计算方式如下:

$$\Delta P^{(t)} = P_{\text{PCC}}^{(t)} - P_{\text{plan}}^{(t)}$$

式中,$P_{\text{plan}}^{(t)}$ 表示 $t$ 时刻由大电网输送给微电网的有功功率计划值,$P_{\text{PCC}}^{(t)}$ 表示 $t$ 时刻公共连接点(PCC)的有功功率。

当 $\Delta P^{(t)} > \varepsilon$ 时,表示微电网内部存在功率缺额,需要恢复先前被 MGCC 切除的发电机,或者切除微电网内一部分非重要负荷;当 $\Delta P^{(t)} < -\varepsilon$ 时,它表示微电网内部存在功率盈余,需要恢复先前被 MGCC 切除的负荷,或者根据大电网的电价与分布式发电的电价比较切除一部分电价高的分布式电源。

## 5.4.2  从并网转入孤岛运行功率平衡控制

微电网从并网转入孤岛运行瞬间,流过公共连接点(PCC)的功率被突然切断,切断前通过 PCC 处的功率如果是流入微电网的,则它就是微电网离网后的功率缺额;如果是流出微电网的,则它就是微电网离网后的功率盈余;大电网的电能供应突然中止,微电网内一般存在较大的有功功率缺额。

在离网运行瞬间,如果不启用紧急控制措施,微电网内部频率将急剧下降,导致一些分布式电源采取保护性的断电措施,这使得有功功率缺额变大,加剧了频率的下降,引起连锁反应,使其他分布式电源相继进行保护性跳闸,最终使得微电网崩溃。因此,要维持微电网较长时间的孤岛运行状态,必须在微电网离网瞬间立即采取措施,使微电网重新达到功率平衡状态。

微电网离网瞬间,如果存在功率缺额,则需要立即切除全部或部分非重要的负荷、调整储能装置的输出功率,甚至切除小部分重要的负荷;如果存在功率盈余,则需要迅速减少储能装置的输出功率,甚至切除一部分分布式电源。这样,使微电网快速达到新的功率平衡状态。

微电网离网瞬间内部的功率缺额(或功率盈余)的计算方法:就是把在切断 PCC 之前通过 PCC 流入微电网的功率,作为微电网离网瞬间内部的

功率缺额,即

$$P_{qe} = P_{PCC}$$

$P_{PCC}$ 以从大电网流入微电网的功率为正,流出为负。当 $P_{qe}$ 为正值时,表示离网瞬间微电网内部存在功率缺额;当 $P_{qe}$ 为负值时,表示离网瞬间微电网内部存在功率盈余。

由于储能装置要用于保证离网运行状态下重要负荷能够连续运行一定时间,所以在进入离网运行瞬间的功率平衡控制原则是:先在假设各个储能装置输出功率为 0 的情况下切除非重要负荷;然后调节储能装置的输出功率;最后切除重要负荷。

## 5.4.3 离网功率平衡控制

微电网能够并网运行也能够离网运行,当微电网离网后,离网能量平衡控制通过调节分布式发电输出功率、储能输出功率、负荷用电,实现离网后整个微电网的稳定运行,在充分利用分布式发电的同时保证重要负荷的持续供电,同时提高分布式发电利用率和负荷供电可靠性。

在孤岛运行期间,微电网内部的分布式发电的输出功率可能随着外部环境(如日照强度、风力、天气状况)的变化而变化,使得微电网内部的电压和频率波动性很大,因此需要随时监视微电网内部电压和频率的变化情况,采取措施应对因内部电源或负荷功率突变对微电网安全稳定产生的影响。

孤岛运行期间的某一时刻的功率缺额为 $P_{qe}$,则 $\Delta P_{L_*} = \dfrac{P_{qe}}{P_{L\Sigma}}$。由式 (5-3-2)可得出

$$P_{qe} = \frac{f^{(0)} - f^{(1)}}{f^{(0)}} \cdot K_{L_*} P_{L\Sigma}$$

如果在孤岛运行期间的某一时刻,出现系统频率 $f^{(1)}$ 小于 $f_{min}$,则需要恢复先前被 MGCC 切除的发电机,或者切除微电网内一部分非重要负荷。如果在孤岛运行期间系统频率,$f^{(1)}$ 大于 $f_{max}$,则存在较大的功率盈余,需要恢复先前被 MGCC 切除的负荷,或者切除一部分分布式发电。

### 5.4.3.1 功率缺额时的减载控制策略

当存在功率缺额 $P_{qe} > 0$ 时,控制策略如下。

(1) 计算储能装置当前的有功输出功率 $P_{S\Sigma}$ 和最大有功输出功率 $P_{SM}$

$$\left. \begin{array}{l} P_{S\Sigma} = \sum P_{Si} \\ P_{SM} = \sum P_{Smax-i} \end{array} \right\} \tag{5-4-1}$$

式中，$P_{Si}$ 为储能装置 $i$ 的有功输出功率，放电状态下为正值，充电状态下为负值。

（2）如果 $P_{qe}+P_0 \leqslant 0$，说明储能装置处于充电状态，在充电功率大于功率缺额时，则减少储能装置的充电功率，储能装置输出功率调整为 $P'_{S\Sigma} = P_{S\Sigma} + P_{qe}$，并结束控制操作。否则，设置储能装置的有功输出功率为 0，重新计算功率缺额 $P'_{qe}$。

由式（5-3-3）可知，根据允许的频率上限 $f_{max}$ 和下限 $f_{min}$ 可计算功率缺额允许的正向、反向偏差。

$$\left. \begin{array}{l} P_{qe+} = \dfrac{K_{L_*}(f_{max}-f^{(0)})(P_{L\Sigma}-P_{qe})}{f^{(0)} - K_{L_*}(f_{max}-f^{(0)})} \\[4mm] P_{qe-} = \dfrac{K_{L_*}(f^{(0)}-f_{min})(P_{L\Sigma}-P_{qe})}{f^{(0)} - K_{L_*}(f^{(0)}-f_{min})} \end{array} \right\}$$

（3）计算切除非重要（二级、三级）负荷量的范围，即

$$\left. \begin{array}{l} P_{jh-min}^{(1)} = P_{qe} - P_{qe-} \\ P_{jh-max}^{(1)} = P_{qe} + P_{qe+} \end{array} \right\} \tag{5-4-2}$$

（4）切除非重要负荷。先切除重要等级低的负荷，再切除重要等级高的负荷；对于同一重要等级的负荷，按照功率从大到小次序切除负荷。当检查到某一负荷的功率值 $P_{Li} > P_{jh-max}^{(1)}$ 时，不切除它，检查下一个负荷；当检查到某一负荷的功率值满足 $P_{Li} < P_{jh-min}^{(1)}$ 时，切除它，然后检查下一个负荷。当检查到某一负荷的功率值满足 $P_{jh-min}^{(1)} \leqslant P_{Li} \leqslant P_{jh-max}^{(1)}$ 时，切除它，并且不再检查后面的负荷。在切除负荷 $i$ 之后，先按照下式重新计算功率缺额，再按照式（5-4-2）重新计算切除非重要负荷量的范围，然后才进行下一个负荷的检查。

$$P'_{qe} = P_{qe} - P_{L_{qc-i}} \tag{5-4-3}$$

式中，$P_{L_{qc-i}}$ 为切除的负荷有功功率。

（5）切除了所有合适的非重要负荷之后，如果 $-P_{SM} \leqslant P_{qe} \leqslant P_{SM}$，则通过调节储能输出功率来补充切除负荷后的功率缺额，即 $P_{S\Sigma} = P_{qe}$，然后结束控制操作。否则计算切除重要（一级）负荷量的范围，即

$$\left. \begin{array}{l} P_{jh-min}^{(2)} = P_{qe} - P_{SM} \\ P_{jh-max}^{(2)} = P_{qe} + P_{SM} \end{array} \right\} \tag{5-4-4}$$

（6）按照功率从大到小次序切除重要负荷。当检查到某一负荷的功率值 $P_{Li} > P_{jh-max}^{(2)}$ 时，不切除它，检查下一个负荷；当检查到某一负荷的功率值

满足 $P_{Li}<P_{jh-min}^{(2)}$ 时，切除它，然后检查下一个负荷；当检查到某一负荷的功率值满足 $P_{jh-min}^{(2)}\leqslant P_{Li}\leqslant P_{jh-max}^{(2)}$ 时，切除它，并且不再检查后面的负荷。在切除负荷 $i$ 之后，先按照式(5-4-3)重新计算功率缺额，再按照式(5-4-4)重新计算切除重要负荷量的范围，然后再进行下一个负荷的检查。

(7) 通过调节储能输出功率来补充切除所有合适的负荷之后的功率缺额，即

$$P_{S\Sigma}=P_{qe}$$

### 5.4.3.2 功率盈余时的切机控制策略

当存在功率盈余 $P_{yy}>0$ 时，需要切除发电机，控制策略与存在功率缺额的情况类似。

(1) 根据式(5-4-1)计算储能装置当前的有功输出功率和最大有功输出功率。

(2) 如果 $-P_{SM}\leqslant P_{yy}-P_{S\Sigma}\leqslant P_{SM}$，则通过调节储能输出功率来补充切除负荷后的功率盈余，即储能输出功率调整为 $P'_{S\Sigma}=P_{yy}-P_{S\Sigma}$，然后结束控制操作。否则执行下一步。

(3) 根据允许的频率上限和下限可计算功率盈余允许的正向、反向偏差，即

$$\left.\begin{array}{l}P_{yy+}=\dfrac{K_{L*}(f^{(0)}-f_{min})}{f^{(0)}}(P_{L0}-P_{yy})\\[3mm]P_{yy-}=\dfrac{K_{L*}(f_{max}-f^{(0)})}{f^{(0)}}(P_{L0}-P_{yy})\end{array}\right\}$$

(4) 如果储能装置处于放电状态 $(P_{S\Sigma}>0)$，设置储能装置的放电功率为0，重新计算功率盈余，即

$$\left\{\begin{array}{l}P_{yy}=P_{yy}-P_{S\Sigma}\\P_{S\Sigma}=0\end{array}\right.$$

(5) 计算切除发电量的范围为

$$\left.\begin{array}{l}P_{qj-min}=P_{yy}-P_{SM}-P_{S\Sigma}-P_{yy-}\\P_{qj-max}=P_{yy}+P_{SM}-P_{S\Sigma}+P_{yy+}\end{array}\right\} \tag{5-4-5}$$

(6) 按照功率从大到小排列，先切除功率大的电源，再切除功率小的电源。当检查到某一电源的功率值满足 $P_{Gi}>P_{qj-max}$ 时，不切除它，检查下一个电源；当检查到某一电源的功率值满足 $P_{Gi}<P_{qj-min}$ 时，切除它，然后检查下一个电源；当检查到某一电源的功率值满足 $P_{qj-min}\leqslant P_{Gi}\leqslant P_{qj-max}$ 时，切除它，并且不再检查后面的电源。在切除电源 $i$ 之后，先按照式(5-4-6)重新计算功率缺额，再按照式(5-4-5)重新计算切除发电量的范围，然后再进

行下一个电源的检查。

$$P'_{yy} = P_{yy} - P_{Gqc-i}$$

式中，$P_{Gqc-i}$ 为切除的发电有功功率。

（7）通过调节储能输出功率来补充切除所有合适的电源后的功率盈余，即 $P_{S\Sigma} = -P_{yy}$。

## 5.4.4　从孤岛转入并网运行功率平衡控制

微电网从孤岛转入并网运行后，微电网内部的分布式发电工作在恒定功率控制（$P/Q$ 控制）状态，它们的输出功率大小根据配电网调度计划决定。MGCC 所要做的工作是将先前因维持微电网安全稳定运行而自动切除的负荷或发电机逐步投入运行中。

# 5.5　微电网的能量优化管理

## 5.5.1　优化策略

对于微燃机等燃烧化石能源的分布式电源，由于其输出可控，用户为实现对一次能源的充分利用，常需要根据冷（热）电负荷的变化调节这类分布式电源的输出功率，以达到能量优化管理的目标。

由于分布式电源形式的多样性和微电网构成的复杂性，微电网能量管理优化策略很难给出统一的描述方式，根据对性能指标（如可靠性、经济性、能源利用率等）的选择及注重程度，存在不同的优化策略。一般而言，微电网并网运行时的典型策略，按照 DER 是否享有优先权分为三种策略：优先利用微电网内部的 DER 来满足网内的负荷需求，可以从主网吸收功率，但不可以向主网输出功率；微电网内部的 DER 与主网共同参与系统的运行优化，但仍可以从主网吸收功率，不可以向主网输出功率；微电网可以与主网自由双向交换功率。为了平滑微电网并网时的联络线功率波动，多利用储能系统充放电平抑波动或者采用需求侧负荷响应技术。在制定微电网实时调度方案时，一般根据微电网系统内微电源输出功率、负荷、储能装置的能量状态和可控微电源停开机情况等制定。

## 5.5.2　优化目标

与大电网的优化运行不同,微电网运行不仅要考虑分布式电源提供冷/热/电能、有效利用可再生能源、保护环境、减小燃料费用,还需考虑与外网间的电能交易。总体说来,其能量管理目标一般可以分为以下五大类。

(1)经济运行。费用优化目标是比较通用和常见的目标函数,通过对微电网内的可调度分布式电源和储能设备进行合理调度,尽量减少微电网的投资和运行费用,提高系统效率。一般以微电网运行成本最低为目标,其中运行成本包括能耗成本、运行维护成本以及微电网与主网间的能量交互成本等。若将投资成本纳入运行成本,则需考虑设备的安装费用、折旧费用。

(2)联络线功率平滑。微电网运行于联网模式时,微电网一般被要求控制成为一个友好负荷形式,应有助于降低电能损耗,实现电力负荷的移峰填谷,提高电压质量或不造成电能质量恶化等目标,因此可以将微电网与主网间联络线的功率波动作为研究对象,一般要求微电网联络线输出功率平滑或者维持在一定功率范围内,将联络线功率波动作为优化目标,抑制间歇性电源引起的联络线功率波动。

(3)降损优化。以配电网或系统损耗最小为目标。

(4)环境效益。微电网的环境友好性是发展微电网的主要原因之一,在能量管理中体现为使污染物的排放最小、可再生能源利用最大化等。

(5)可靠性。若微电网处于离网运行状态,失去大电网的支撑,通常需要考虑可靠性优化目标。微电源输出功率无法满足所有负荷要求时,需要引入负荷竞价策略,建立负荷可中断优化模型,切除部分负荷实现微电网内功率平衡。市场引导可中断负荷的方式有折扣电价和实际停电后高赔偿两种,分别对应低电价可中断负荷和高赔偿可中断负荷。负荷可中断模型以微电网运行的收益最大为目标,考虑售电收入、赔偿费用和储能元件低能量状态放电的损耗等因素。

## 5.5.3　约束条件

对于一个复杂的微电网,由于涉及多种能源供应和需求形式,具体需要满足的约束条件会有很多,如各类能源平衡约束、设备容量极限约束、各类合同约束等,电气类约束条件可以分为以下三类。

### 5.5.3.1　功率平衡约束

对于微电网整体来说,首先要满足功率平衡约束,即

$$P_{Lt} = \sum_{i=1}^{d} P_{it} + \sum_{i=1}^{q} P_{ft} + P_{Grid}$$

式中,$d$ 为可调度发电单元数目;$q$ 为不可调度发电单元数目;$P_{it}$ 为可调度型发电单元 $t$ 时刻的输出功率,kW;$P_{ft}$ 为不可调度型发电单元 $t$ 时刻的功率输出,kW;$P_{Grid}$ 为电网 $t$ 时刻与微电网的功率交换量,kW;$P_{Lt}$ 为 $t$ 时刻系统中的总有功负荷,kW。

### 5.5.3.2　联络线功率限制

当微电网并网运行,需要考虑联络线的功率限制,即

$$|P_{Grid} - P_{set}| < P_{YD}$$

式中,$P_{set}$ 为联络线功率参考值,kW;$P_{YD}$ 为阈值,kW。

### 5.5.3.3　设备运行约束

微电网中设备繁多,每一个设备都需要满足一定的运行约束条件,其中一些是设备本身运行安全性或经济性所要求的,而另一些则与运行控制策略相关。具体设备约束条件复杂,视实际情况而定,常见的设备运行约束条件如下。

(1) 可调度型发电单元(如柴油发电机、燃气轮机、燃料电池等)的约束条件。主要包括输出功率上下限约束和爬坡率约束,为了减少频繁启停对机组寿命的影响,应尽可能设置最小运行时间约束和最小允许运行时间。若考虑非计划的瞬时功率波动,可适当缩减功率约束范围。

(2) 不可调度发电单元(如风力发电和光伏发电)一般实现最大风能跟踪,不设功率约束。考虑到风机的频繁启停也会影响其使用寿命,风机停机时间需要满足最小停机时间要求,可优先投入已切除时间较长的风机;同理,需要切除风机时应优先切除已投入时间较大的风机。

(3) 在储能装置工作过程中,较大的充放电电流、过充电或过放电等都会对储能装置造成伤害,因此,需要储能装置首先满足充放电电流、电压以及电荷状态(SOC)三个约束条件。相邻时刻的电荷状态和充放电功率之间需要满足充放电等式约束,如下

$$\text{SOC}_{t_k} + P_{t_k} \Delta t / P_{bat} = \text{SOC}_{t_{k+1}}$$

式中,$P_{t_k}$ 为储能装置 $t_k \sim t_{k+1}$ 时间段内充放电功率;$\text{SOC}_{t_k}$、$\text{SOC}_{t_{k+1}}$ 为相邻两个时刻电荷状态;$P_{bat}$ 为储能装置容量。

另外,储能装置还可以设置充放电次数约束和一周期内始末状态约束等。

## 5.5.4　优化算法

### 5.5.4.1　图解法

图解法一般指基于长时间尺度的光照和风速数据,使用图解法来得到最优电源输出功率和蓄电池容量组合的方法。该方法优化过程考虑较少的变量,一般只考虑两个变量,如光伏电池和蓄电池容量,或者光伏电池和风机容量,因此得出的优化结果具有一定的片面性。

### 5.5.4.2　数学优化算法

微电网优化模型中存在着各种约束,网络约束为非线性约束,而考虑分布式发电的开停机状态会使得模型中存在整数变量等。

常用的数学优化算法有混合整数线性规划、混合整数非线性规划、动态规划、序列二次规划等。已经有比较成熟的商业软件(如 LINGO、Matlab、CPLEX 等)可以进行求解,这些商业软件集成了分支定界法等用于求解这一类问题。

### 5.5.4.3　多目标优化算法

在微电网优化运行时,往往需要综合若干种子目标进行综合评估,因此需要建立相应的多目标优化模型,采用多目标优化算法综合分析。目前多目标优化算法归纳起来有传统优化算法和智能优化算法两大类。

(1)传统优化算法。将多目标优化问题通过一定的人为的方法将其转化为单目标优化问题,然后求解转化之后的单目标优化问题。常用的方法有目标加权法、约束法和目标规划法等。

(2)智能优化算法。适用于多目标优化问题的智能优化算法不再单纯地从纯数学的推导演化中寻求 Pareto 最优解,而是借鉴于生命科学与信息科学的发展而形成的交叉领域中衍生而来。

# 第6章　微电网的信息建模、通信与监控技术

　　早期电力自动化系统中,为适应以串口为主导的相对低速的通信系统,信息基本以数据点表形式来表示。这种用点表来组织的数据缺乏自我描述功能,数据之间也没有逻辑关系,需要通信接收方将接收到的数据组织为应用信息。在设备种类多的自动化控制系统中,不同控制单元之间的数据存在各种翻译问题,信息交互相对困难,且对于整个控制系统的未来设备升级改造或扩展都不方便。高速以太网的出现,为大容量实时数据采用模型信息进行传输提供了条件,在规模较大的微电网中,涉及运行控制的设备(含系统)包括分布式发电装置、储能装置、测控保护装置、计算机监控系统等,各种设备的数量和种类众多,采用统一建模的信息通信技术,保证了不同设备之间的互操作性,同时为未来系统升级改造时能够很容易地实现不同厂家设备互换打下基础。

## 6.1　微电网的信息建模

　　国际电工委员会制定的 IEC 61850 及 IEC 61970 标准分别是面向电力系统自动化领域的公共通信标准和针对能量管理系统应用程序接口的标准,这两种标准均采用面向对象思想对数据进行了统一的信息建模,并基于以太网通信技术进行传输。除以太网通信技术外,其他如现场总线、载波、无线等通信技术在不同的应用场合有各自的特点,在现有的微电网通信网络中根据情况均有所应用。

### 6.1.1　信息建模原理

　　现代信息建模和通信的目的是传送信息,即把信息源产生的信息(语言、文字、数据、图像等)快速、准确地传到收信者。目前国内外对微电网的信息采集和通信尚缺乏统一的标准,在国内已建成的微电网示范工程中,绝大多数系统信息通信架构的设计仍难以满足微电网对实时性和开放性的要求。常用的一些以数据点表为特征的通信协议标准中,如 Modicon 公

司（现属于施耐德电气公司）1979 年发布用于工业现场总线的 Modbus 协议，中国电力部 1992 年发布的循环式运动规约即部颁 CDT 协议以及 IEC 60870-5-101、IEC 60870-5-102、IEC 60870-5-103、IEC 60870-5-104 系列等通信标准，数据是通信双方预先按照固定的排列顺序传输信息，信息模型不具有或具有很弱的自我描述功能，并且信息之间没有逻辑关系，接收方需要自己定义接收到的数据含义，并进行数据值的量程转换等处理，数据品质位也缺乏统一，同时功能相同的不同厂家设备所上送的信息差异很大。

IEC 61850 和 IEC 61970 标准是 IEC 组织专门针对电力应用所制定的建模标准，不仅采用了面向对象的设计思想，而且实现了对象功能的信息模型统一。在现有的标准体系中有三个标准体系适合微电网信息建模：适用于微电网内部的 IEC 61850 标准和 IEC 61400-25 标准，适用于微电网和大电网之间通信的 IEC 61970 标准。IEC 61400-25 标准采用 IEC 61850 标准的信息建模方法，主要对风电机组进行了信息建模。信息建模的目的主要是支持不同制造厂生产的智能电子设备具有互操作性（互操作性是指能够工作在同一个网络上或者通信通路上共享信息和命令的能力）。

IEC 61850 与 IEC 61970 标准对系统信息建模采用了面向对象的设计思想，将整个系统根据功能划分为一个个小的通信对象，每个对象的信息模型采用统一的描述方法，每个智能设备或软件模块由若干个功能对象组成。虽然不同厂家的设备或软件模块表现的外特性差别较大，内部实现系统的基本功能则有其统一性的一面。因此通过功能划分，将信息模型进行统一后，不同设备之间操作变得通用，在实现互操作的基础上也就实现了设备互换性。在微电网应用上，采用了统一建模的智能设备和系统互联互通变得相当简单，信息含义无须特别设定，设备更新换代对整个系统的影响也缩小到最小范围，系统运行维护也大大提高了效率。遗憾的是 IEC 61850 和 IEC 61970 标准制定时是两个工作组并行工作，在对同类电力设备的信息模型制定中并没有采用一致的描述方法，这给标准在实际应用中带来一些不便。

## 6.1.2 监控系统信息建模

微电网中涉及的变电设备、线路等设备，其监控系统的信息模型与 IEC 61850 对变电站定义的信息模型没有差异，在对发电单元运行控制方面，大型风机相关信息模型在 IEC 61400-25 中定义，其他的分布式能源信息模型都在 IEC 61850-7-420 中定义。

### 6.1.2.1　IEC 61850 信息建模方法

（1）信息建模概览。IEC 61850 标准的数据信息模型对在不同设备和系统间交换的数据提供标准的名称和结构，用于开发 IEC 61850 信息模型的对象层次结构。

按照从下向上的过程描述如下。

1）标准数据类型：布尔量、整数、浮点数等通用的数值类型。

2）公共属性：可以应用于许多不同对象的已经定义好的公共属性，例如品质属性。

3）公用数据类（Common Data Class，CDC）：建立在标准数据类型和已定义公共属性基础之上的，一组预定义集合，例如单点状态信息（Single Point Status，SPS）、测量值（Measure Value，MV）以及可控的双点（Double Point Control，DPC）。

4）数据对象（Data Object，DO）：与一个或多个逻辑节点相关的预先定义好的对象名称。它们的类型或格式由某个公用数据类（CDC）定义，它们仅仅排列在逻辑节点中。

5）逻辑节点（Logic Node，LN）：预先定义好的一组数据对象的集合，可以服务于特定功能，能够用作建造完整设备的基本构件。逻辑节点的例子如下：测量单元 MMXU 提供三相系统所有的电气测量（电压、电流、有功、无功和功率因数等）。

6）逻辑设备（Logic Device，LD）：设备模型由相应的逻辑节点组成，为特定设备提供所需的信息。例如，电力断路器可以由 XCBR（开关短路跳闸）、XSWI（控制和监督断路器和隔离设备）、CPOW（断路器定点分合）、CSWI（开关控制器）和 SIMG（断路器绝缘介质监视）等逻辑节点组成。

控制器或服务器包含用于管理相关设备的 IEC 61850 逻辑设备模型，这些逻辑设备模型由一个或多个物理设备模型以及设备所需的所有逻辑节点组成。

对于每个逻辑节点的具体实现，所有的强制项应该包含在内（在 M/O/C 这一列中用 M 表示）。为了清晰，以典型的逻辑设备为单位编排这些逻辑节点的描述，这些逻辑节点可以是该逻辑设备的一部分，也可以根据需要使用或不使用。

逻辑节点表说明见表 6-1。

表 6-1　逻辑节点表说明

| 列表头 | 描　　述 |
|---|---|
| 数据对象名 | 数据对象的名称 |
| 公用数据类 | 定义数据对象结构的公用数据类,参见 IEC 61850-7-3。关于服务跟随逻辑节点的公用数据类,参见 IEC 61850-7-2 |
| 解释 | 关于数据对象及其如何使用的简短解释 |
| T | 瞬变数据对象:带有该标志的数据对象状态是瞬变的,必须加以记录或报告以便为它们的瞬变状态提供证据,有些 T 仅仅在建模层面有效 |
| M/O/C | 这一列定义在一个特定的逻辑节点实例中,数据对象是强制的(M)、可选的(O)还是有条件选择(C)的 |

　　系统逻辑节点是系统特定的信息,包括系统逻辑节点数据(例如逻辑节点的行为、铭牌信息、操作计数器)以及与物理设备相关的信息(逻辑节点是 LPHD),该物理设备包含了逻辑设备和逻辑节点,这些逻辑节点(LPHD 和公共逻辑节点)独立于应用领域。所有其他逻辑节点都是领域特定的,但要从公共逻辑节点中继承强制数据和可选数据。

　　逻辑节点类中的数据对象还按照以下的类别进行了分组。

　　1) 不分类别的数据对象(公共信息)。不分类别的数据对象(公共信息)是与逻辑节点类描述的特定功能无关的信息,强制数据对象(M)对所有的逻辑节点都是通用的,应该在所有特定功能的逻辑节点中使用,可选数据对象(O)可以在所有特定功能的逻辑节点中使用,特定的逻辑节点类应该表明在公共逻辑节点类中的可选数据对象在该逻辑节点类中是否是强制的。

　　2) 量测值。量测值是直接测量得到的或通过计算得到的模拟量数据对象,包括电流、电压、功率等。这些信息是由当地生成的,不能由远方修改,除非启用取代功能。

　　3) 控制。控制是由指令改变的数据对象,例如开关状态(合/分),分接头位置或可复位计数器。通常它们是由远方改变的,在运行期间改变,其频繁程度要远远大于定值设置。

　　4) 计量值。计量值是在一定时间内测得的以数量(例如电能量)表示的模拟量数据对象。这些信息是由当地生成的,不能由远方修改,除非启用取代功能。

5）状态信息。状态信息是一种数据对象，它表示运行过程的状态，或者表示配置在逻辑节点类中功能的状态。这些信息是由当地生成的，不能由远方修改，除非启用取代功能，这些数据对象中的大部分是强制性的。

6）定值。定值是操作功能所需的数据对象。由于许多定值与功能的实现有关，所以只对获得了普遍认可的小部分进行了标准化，它们可以由远方改变，但正常情况下不会很频繁。

（2）信息建模类型。信息建模类型主要包含基本数据类型、公共数据类型和逻辑节点。

基本数据类型主要有布尔（BOOLEA）、8 位整数（INT8）、16 位整数（INT16）、32 位整数（INT32）、128 位整数（INT128）、8 位无符号整数（INT8U）、16 位无符号整数（INT16U）、32 位无符号整数（INT32U）、32 位浮点数（FLOAT32）、64 位浮点数（FLOAT64）、枚举（ENUMBEATED）、编码枚举（CODED ENUM）、八位位组串（OCTET STRING）、可视字符串（VISIBLE STRING）和统一编码串（UNICODE STRING）。

公共数据属性类型被定义用于公共数据类，主要如下：①品质，包含关于服务器信息质量的信息；②模拟值，代表基本数据类型整型或浮点型；③模拟值配置，用于代表模拟值的整型数值的配置；④范围配置，用于定义测量值范围的界限的配置；⑤带瞬间指示的步位置，用于如转换开关位置的指示；⑥脉冲配置，用于由命令产生的输出脉冲的配置；⑦始发者，包含与代表可控数据的数据属性最后变化的始发者的相关信息；⑧单位；⑨向量；⑩点；⑪控制模式；⑫操作前选择。

公共数据类针对下列情况对公共数据进行分类：①状态信息的公共数据类；②测量信息的公共数据类；③可控状态信息的公共数据类；④可控模拟信息的公共数据类；⑤状态设置的公共数据类；⑥模拟设置的公共数据类；⑦描述信息的公共数据类。

逻辑节点组表见表 6-2，逻辑节点名应以代表该逻辑节点所属逻辑节点组的组名字符为其节点名的第一个字符，对分相建模（如开关、互感器），应每相创建一个实例。

表 6-2 逻辑节点组表

| 逻辑节点组指示符 | 节点标识 |
| --- | --- |
| A | 自动控制 |
| C | 监控 |
| G | 通用功能引用 |

| 逻辑节点组指示符 | 节点标识 |
|:---:|:---:|
| I | 接口和存档 |
| L | 系统逻辑节点 |
| M | 计量和测量 |
| P | 保护功能 |
| R | 保护功能 |
| S | 传感器,监视 |
| T | 仪用互感器 |
| X | 开关设备 |
| Y | 电力变压器和相关功能 |
| Z | 其他(电力系统)设备 |

　　逻辑节点类由四个字母表示,第一个字母是所属的逻辑节点组,后三个字母是功能的英文简称。

　　通信信息模型在无法满足需求时的扩展原则如下。

　　1)逻辑节点和数据的使用及扩展。对于逻辑节点(LN)。如果现有逻辑节点类适合待建模的功能,应使用该逻辑节点的一个实例及其全部指定数据;如果这个功能具有相同的基本数据,但存在许多变化(如接地、单相、区间 A、区间 B 等),应使用该逻辑节点的不同实例;如果现有逻辑节点类不适合待建模的功能,应根据专用逻辑节点类规定,创建新的逻辑节点类。

　　对于数据。如果除指定数据外,现有可选数据满足待建模功能的需要,应使用这些可选数据;如果相同的数据(指定或可选)需要在逻辑节点中多次定义,对新增数据加以编号扩展;如果在逻辑节点中,分配的功能没有包含所需要的数据,第一选择应使用数据列表中的数据;如果数据列表中没有一个数据覆盖功能开放要求,应依据新数据规定,创建新的数据。

　　2)使用编号数据规定。逻辑节点中标准化的数据名提供数据唯一标识。若相同数据(即具有相同语义的数据)需要定义多次,则应使用编号扩展增添数据。

　　新数据命名规则。当标准逻辑节点中数据无法满足需要时,可按规则创建"新的"数据。

　　·为构成新数据名,应使用规定的缩写。

　　·指定一个 IEC 61850-7-3 中定义的公用数据类。如果无标准的公用数据类满足新数据的需要,可扩展或使用新的数据类。

·任何数据名应仅分配指定一个公用数据类（CDC）。

·新逻辑节点类应依据 IEC 61850-7-1 中的概念和规定以及 IEC 61850-7-3 中给出的属性,采用"名称空间属性"加以标志。

（3）新公用数据类（CDC）命名规定。对新数据名,当没有合适的公用数据类（CDC）时,可扩展公用数据类或创建新的公用数据类。IEC 61850-7-3 给出了创建新公用数据类的规定。依据 IEC 61850-7-1 中的概念和规定以及 IEC 61850-7-3 中给出的属性,新的公用数据类应由"名称空间属性"加以标志。

（4）信息建模方法。IEC 61850 通用方法是将应用功能分解为用于通信的最小实体,将这些实体合理地分配到智能电子设备（Intelligent Electronic Device,IED）,实体被称为逻辑节点。在 IEC 61850-5 中从应用观点出发定义了逻辑节点的要求,基于它们的功能,这些逻辑节点包含带专用数据属性的数据,按照定义好的规则和 IEC 61850-5 提出的性能要求,由专用服务交换数据和数据属性所代表的信息。

功能分解和组合过程如图 6-1 所示,为支持大多数公共应用定义了在逻辑节点中所包含的数据类。

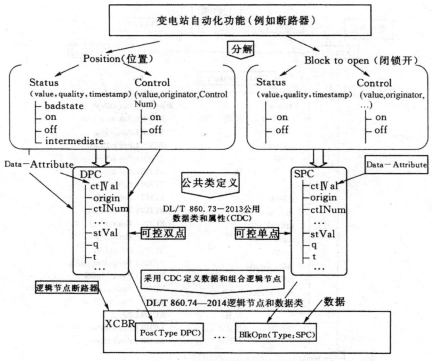

图 6-1　功能分解和组合过程

选择功能的最小部分（断路器模型的摘录）为例解释分解过程,在断路器的许多属性中,断路器有可被控制和监视的位置属性和防止打开的能力(例如互锁时,闭锁开)。位置包含一些信息,它代表位置的状态,具有状态值(合、开、中间、坏状态)、值的品质、位置最近改变的时标。另外,位置提供控制操作的能力:控制值(合、开),保持控制操作的记录,始发者保存最近发出控制命令实体的信息,控制序号为最近控制命令顺序号。

在位置(状态、控制等)下组成的信息代表一个可多次重复使用的非常通用的四个状态值公共组,类似的还有"闭锁开"的两状态值的组信息,这些组称为CDC。

四状态可重复使用的类定义为DPC,两状态可重复使用的类定义为SPC。IEC 61850-7-3为状态、测量值、可控状态、可控模拟量、状态设置、模拟量设置等定义了约30种公用数据类。

实例化是建模的重要过程,通过在逻辑节点类增加前缀和后缀形成逻辑节点实例。数据属性有标准化名和标准化类型,树形XCBR1信息如图6-2所示,在图6-2的右侧是相应的引用(对象引用),这些引用用于标识树形信息的路径信息,图中介绍了"开关位置"(名=Pos)的内容。

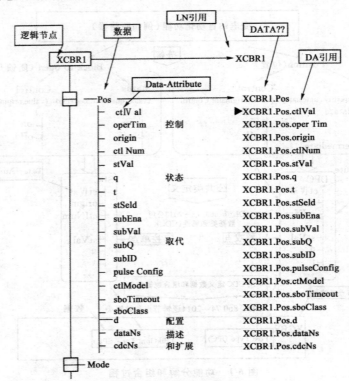

图6-2 树形XCBR1信息

实例 XCBR1(XCBR 的第 1 个实例)是逻辑节点各级的根,对象引用 XCBR1 引用整个树。XCBR1 包含数据例如 Pos 和 Mode,在 IEC 61850-7-4 中精确定义数据位置(Pos)。Pos 的内容约有 20 个数据属性,DPC 属性取自公用数据类(双点控制),DPC 中定义的数据属性部分为强制性,其他为可选。只有在特定应用中数据对象要求这些数据属性时,才继承那些数据属性。如果位置不要求支持取代,那么在 Pos 数据对象中不要求数据属性 subEna、subVal、subQ 和 subID。

访问数据属性的信息交换服务利用分层树,用 XCBR1. Pos. ctⅣal 定义可控数据属性,控制服务正好在这个断路器的可控数据属性上操作。状态信息可以作为名为 AlarmXCBR 的数据集的一个成员(XCBR1. Pos. stVal)引用,数据集由名为 Alarm 的报告控制块引用。可以配置报告控制块,每次断路器状态改变时(由开变成合或合变成开)向特定计算机发送报告。

### 6.1.2.2 IEC 61850-7-420 信息模型

在世界范围内,接入电力系统的分布式能源(Distributed Energy Resources,DER)系统正在不断增加。随着分布式能源技术的发展,其对微电网的影响越来越大。

分布式能源设备的制造厂家正面临着这样一个老问题:为他们的用户提供什么样的通信标准和协议。以前分布式能源设备制造厂开发他们自己专有的通信技术,然而,当电力企业、集成商以及其他能源服务提供商开始管理与电力系统互联的分布式能源设备时,他们会发现处理不同的通信技术存在许多技术困难,增加实施成本和维护成本。电力企业和分布式能源设备制造厂都认识到,需要一个为所有分布式能源设备规定通信和控制接口的国际标准,于是在 2009 年制订了 IEC 61850-7-420。

逆变器将直流电转换为交流电,直流电可以是发电机的直接输出,也可以是发电机输出的交流电经过整流以后形成的中间能量形态。其中电源系统接入电网的模式(GridMod)取值可为电流源逆变器(Current Source Inverter,CSI)、电压控制的电压源逆变器(Voltage Controlled Voltage Source Inverter,VC-VSI)、电流控制的电压源逆变器(Current Controlled Voltage Source Inverter,CC-VSI)和其他。

在 IEC 61850-7-420 中新增加了四个公共数据类。

(1) 阵列公用数据类。

1) E-ARRAY(ERY)枚举型公用数据类规范。

2) V-ARRAY(VRY)可见字符串型公用数据类规范。

（2）计划安排公用数据类。

1）绝对时间计划（Absolute Schedule，SCA）定值公用数据类规范。

2）相对时间计划（Relative Schedule，SCR）定值公用数据类规范。

与光伏系统有关的逻辑节点的例子如图 6-3 所示，该示意图没有包括所有可能需要实现的逻辑节点，仅仅示例了创建信息模型的途径。

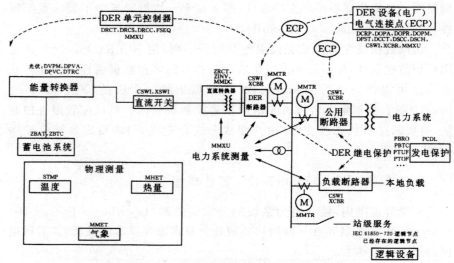

**图 6-3　与光伏系统有关的逻辑节点的例子**

建立逻辑设备需要以下功能以便可以自动化操作光伏发电系统。①开关设备操作：控制断路器和隔离设备的功能。②保护：在故障情况下保护电力设备和人员的功能。光伏发电特定的保护是"直流接地故障保护功能"，需要用在许多光伏发电系统中以减少火灾危险并提供电力冲击保护，该功能已包含在接地故障/接地检测逻辑节点 PHIZ 中。③测量和计量：获得电压和电流等电气量值的功能，交流测量包含在交流测量值逻辑节点 MMXU 中，直流测量包含在直流测量值逻辑节点 MMDC 中。④直流到交流的变换：用于控制和检测逆变器的功能，这些包含在 ZRCT 和 ZINV 中。⑤阵列操作：使阵列输出功率最大化的功能，包括调整电流和电压水平以获得最大功率点（Maximum Power Point，MPP），以及操控系统跟随太阳的移动，本功能特别用于光伏发电。⑥孤岛效应：使光伏发电系统和电力系统同步运行的功能，包含反孤岛效应，这些功能包含在 DRCT 和 DOPR 中。⑦能量储存：存储由系统产生多余能量的功能，在小型光伏发电系统中储存能量通常使用蓄电池，在较大的光伏发电系统中则可以使用压缩空气或其他方法，本标准中用于储存能量的电池模型以 ZBAT 和 ZBTC 表示，压缩空气还没有建模。⑧气象监测：获得太阳辐射和环境温度等气象测量值的功能,这些包含在 MMET 和 STMP 中。

除了 DER 管理所需的逻辑节点之外,光伏逻辑设备也可以包含如下逻辑节点。①DPVM:光伏发电组件额定值,为一个组件提供额定值;②DPVA:光伏发电阵列特性,提供光伏发电阵列或子阵列的一般信息;③DPVC:光伏发电阵列控制器,用于最大化阵列的功率输出,光伏发电系统中的每一个阵列(或子阵列)对应该逻辑节点的一个实例;④DTRC:跟随控制器,用于跟随太阳的移动;⑤CSWI:描述操作光伏发电系统中各种开关的控制器,CSWI 总是与 XSWI 或 XCBR 联合使用,XSWI 或 XCBR 还标识是用于直流还是交流;⑥XSWI:描述在光伏发电系统与逆变器之间的直流刀闸,也可以描述位于逆变器和电力系统物理连接点处的交流刀闸;⑦XCBR:描述用于保护光伏发电阵列的断路器;⑧ZINV:逆变器;⑨MMDC:中间直流电的测量;⑩MMXU:电气测量;⑪ZBAT:能量储存蓄电池;⑫ZBTC:能量储存蓄电池充电器;⑬XFUS:光伏发电系统中的熔断器;⑭FSEQ:在启动或终止自动顺序操作中使用的顺控器的状态;⑮STMP:温度特性;⑯MMET:气象测量。

(3)IEC 61400-25 信息模型。IEC 61400-25 系列标准由 IEC TC88 风机工作组起草制定,标准通过建立风电场信息模型、定义信息交换和通信协议映射的机制为风电场的监控领域提供一个统一的通信标准。

IEC 61400-25 可以应用于任何风电场的运行,包括单个风电机组、成串风电机组和规模集成风电机组。应用领域是风电场运行所需组件,不仅包括风电机组,还包括气象系统、电气系统和风电场管理系统。标准中风电场的特有信息不包括变电站相关信息,变电站通信采用 IEC 61850 系列标准。

在 IEC 61400-25 中定义了风电机组的信息模型,其中 WGEN 的数据类是针对变速双馈异步电机的运行或直流励磁同步电机而言的。当采用不同的拓扑结构(如恒速、双速、多极、永磁电机、多相发电机)时,用户可以自由定义额外的数据名来分配相关的发电机信息。

在 IEC 61400-25 中新增了 6 个公共数据类,具体如下:①CDC 描述;②ALM 报警;③CMD 命令;④CTE 事件计数;⑤SPV 设置点值;⑥STV 状态值。

一个应用逻辑节点实例的实际风电机组如图 6-4 所示。

方框表示的是风电机组本身的逻辑节点,方框外描述了机组与电网连接的逻辑节点。描述的逻辑节点实例来自风电机组 WTUR、偏航系统 WYAW 和变流器 WCNV 等信息,WGEN1 和 WGEN2 表示不同的发电机。同时也说明了连接的电力系统,包括测量单元 MMXU 和断路器 XCBR 等,MMXU 和 XCBR 等与电力系统有关的其他逻辑节点在 IEC

61850 中具体定义。

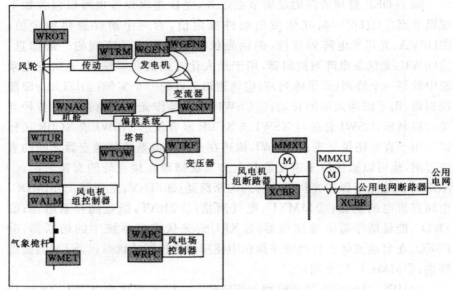

图 6-4　逻辑节点实例应用

## 6.1.3　能量管理系统信息建模

IEC 61970 系列标准定义了 EMS 的 API,目的是便于集成来自不同厂家的 EMS 内部的各种应用,便于将 EMS 与调度中心内部其他系统互联,以及便于实现不同调度中心 EMS 之间的模型交换。

在微电网的能量管理系统中,IEC 61970 系列标准应用基本能够满足微电网对能量管理各类信息模型的需求。IEC 61970 系列标准主要由接口参考模型、公共信息模型(Common Information Model,CIM)和 CIS 组件接口规范三部分组成。接口参考模型说明了系统集成的方式,公共信息模型定义了信息交换的语义,组件接口规范明确了信息交换的语法。

### 6.1.3.1　CIM 建模规范

(1)CIM 建模表示法。CIM 采用面向对象的建模技术定义,CIM 规范使用统一建模语言(UML)表达方法,它将 CIM 定义成一组包。

CIM 中的每一个包包含一个或多个类图,用图形方式展示该包中的所有类及它们的关系。然后根据类的属性及与其他类的关系,用文字形式定义各个类。

(2)CIM 包。CIM 划分为一个组包,包是一种将相关模型元件分组的通用方法,包的选择是为了使模型更易于设计、理解与查看,公共信息模型由完整的一个组包组成。实体可以具有越过许多包边界的关联,每一个应用将使用多个包中所表示的信息。

整个 CIM 划分为下面几个包。

第一,IEC 61970-301:①核心包(Core);②域包(Domain);③发电包(Generation);④发电动态包(Generation Dynamics);⑤负荷模型包(Load-Model);⑥量测包(Meas);⑦停运包(Outage);⑧生产包(Production);⑨保护包(Protection);⑩拓扑包(Topology);⑪电线包(Wires)。

第二,IEC 61970-302:①能量计划包(Energy Scheduling);②财务包(Financial);③预定包(Reservation)。

第三,IEC 61970-303:SCADA 包。

核心包(Core)包含所有应用共享的核心命名(Naming)、电力系统资源(Power System Resource)、设备容器(Equipment Container)和导电设备(Conducting Equipment)实体,以及这些实体的常见的组合。拓扑包是 Core 包的扩展,它与 Terminal 类一起建立连接性(Connectivity)的模型,电线包(Wires)是 Core 和 Topology 包的扩展,它建立了输电(Transmission)和配电(Distribution)网络的电气特性的信息模型。这个包用于网络应用,例如状态估计(State Estimation)、潮流(Load Flow)及最优潮流(Optimal Power Flow)。停运包是 Core 和 Wires 包的扩展,它建立了当前及计划网络结构的信息模型。保护包是 Core 和 Wires 包的扩展,它建立了保护设备,例如继电器的信息模型。量测包包含描述各应用之间交换的动态测量数据的实体。负荷模型包以曲线及相关的曲线数据形式为能量用户及系统负荷提供模型。发电包分成两个子包,分别为电力生产包和发电动态包。电力生产包提供了各种类型发电机的模型。它还建立了生产成本信息模型,用于发电机间进行经济需求分配及计算备用量大小。发电动态包提供原动机。域包是量与单位的数据字典,定义了可能被其他任何包中的任何类使用的属性的数据类型。

## 6.1.3.2 CIM 类与关系

每一个 CIM 包的类图展示了该包中所有的类及它们的关系,在与其他包中的类存在关系时,这些类也展示出来,而且标以表明其所属包的符号。类具有描述对象特性的属性,CIM 中的每一个类包含描述和识别该类的具体实例的属性,每一个属性都具有一个类型。

(1)普遍化。普遍化是一个较普遍的类与一个较具体的类之间的一种关系,较具体的类只能包含附加的信息。

（2）简单关联。关联是类之间的一种概念上的联系，每一种关联都有两个作用，每一个作用表示了关联中的一种方向，表示目标类作用和源类有关系。每个作用还有重数/基数（Multiplicity/Cardinality），用来表示有多少对象可以参加到给定的关系中。

（3）聚集。聚集是关联的一种特殊情况。聚集表明类与类之间的关系是一种整体—部分关系，这里，整体类由部分类"构成"或"包含"部分类，而部分类是整体类的"一部分"，部分类不像普遍化中那样从整体类继承。

### 6.1.3.3　CIM 信息建模

CIM 描述了能量管理系统信息的全面的逻辑视图，包括公用的类和属性以及它们之间的关系。

CIM 分成子包，Domain 包定义了其他包所使用的数据类型。Generation 包再细分为 Production 包和 Generation Dynamics 包。包里的类是按字母顺序列出的。类的固有属性先列出，然后列出继承的属性。对于每一个类，先列出其固有关联，然后列出继承的关联。

根据参与关联的各个类的作用对关联进行描述，仅对包含聚集的作用列出聚集。

在 CIM 的顶层包中，每一个包中每一类的模型信息均给予全面的描述，固有的和继承的属性包括 ParentClass. Name（父类名）、Type（类型）、Documentation（说明）。

Domain 包里的类包含一个为上述属性类型准备的可选的度量单位。

关联是按参与关联的类的作用列出的，固有的和继承的作用信息包括 Multiplicity From（重数来自）、RoleTo. Name（作用到）、Multiplicity To（重数到）、RoleTo. Class Name（作用到的类名）、Association Documentation（关联描述）。Multiplicity From 指重数（Multiplicity）来自所描述的类。0 值表示这是一个可选的关联。$n$ 表示允许数目不定的关联。RoleTo. Name 是目标类对关联的另一侧作用。Multiplicity To 和 RoleTo. Class Name 指关联另一侧类的重数（Multiplicity）和类名。

发电包包含水电和火电机组的经济组合（Unit Commitment）和经济调度（Economic Dispatch）、负荷预测、自动发电控制以及用于动态培训仿真器的机组模型等使用的信息。生产包负责描述各种类型发电机的类。这些类还提供生产费用信息，可以应用于在可调机组间经济地分配负荷以及计算备用容量。

发电机组是将机械能转换为交流电能的单台或一组同步的电机，可以单独定义一组电机中的各台机器，同时给整个机组引出一个单一的控制信号。在此情况下,该机组内每台发电机都有一个 GeneratingUnit,同时还有一个 GeneratingUnit 是对应于该组发电机的。

# 6.2　微电网的通信

微电网的运行控制和管理模式不同于常规电网,它更加依赖于信息的采集与传输,同时微电网设备的响应特性对通信的实时性与可靠性要求更高,通信系统是微电网运行控制与管理的基础环节。

## 6.2.1　微电网的通信技术

目前通信技术较多,大体可分为有线和无线两类。有线类包括光纤通信、电力线通信(Power Line Communication,PLC)等,无线类包括无线扩频通信、无线局域网 WLAN(IEEE 802.11)、无线广域网 WWAN(IEEE 802.20)、GPRS/CDMA 通信、3G/4G 通信、卫星通信、微波通信、短波/超短波通信、空间光通信等,以下根据其特点对部分技术进行简要介绍。

(1)光纤通信。光纤通信具备通信容量大、损耗低、传输距离长、抗电磁干扰能力强、传输质量佳、通信速度快等优点,光纤通信模式有传统通信模式、以太网通信模式和无源光网络模式。其中,以太网无源光网络(Ethernet Passive Optical Network,EPON)是一种点对多点的光纤传输和接入技术,下行采用广播方式、上行采用时分多址方式,可以灵活地组成树形、星形、总线型等拓扑结构,在光分支点不需要节点设备,只需要安装一个简单的光分支器即可,因此具有节省光缆资源、带宽资源共享、节省机房投资、设备安全性高、建网速度快、综合建网成本低等优点,无源光网络适用于点对多点通信,仅利用无源分光器即可实现光功率的分配。

(2)电力线通信。电力线通信是目前发展前景十分看好的宽带接入技术,是利用电网低压线路传输高速数据、话音、图像等多媒体业务信号的一种通信方式。

(3)分组传送网技术。分组传送网(Packet Transport Network,PTN)技术是面向分组数据业务的新一代传送网技术,是在以太网为外部表现形式的业务层和波分多路复用(Wavelength Division Multiplexing,WDM)等光传输媒质层之间设置的一个层面,针对 IP 业务流量的突发性和统计复用传送的要求而设计,以分组业务为核心并支持多业务传送,具有更低的总体使用成本,同时秉承同步数字体系(Synchronous Digital Hierarchy,SDH)的传统优势,其功能完全针对 IP 传送的需求进行了定制。

(4)快速的网络保护。提供线性保护倒换和环网保护,点对点连接通道的保护倒换可以在 50ms 内完成。

融合了局部时分复用业务(Native Time Division Multiplex,Native TDM)和分组业务的解决方案是最合适的数据传送选择,既保证对实时要求极高的继电保护、远动控制等的业务需求,同时又可支持运营管理平台向分组业务演进的趋势,可以为微电网提供有力可靠的通信服务保障。

## 6.2.2　微电网的通信体系结构

微电网的通信系统应用于电力生产、运行的各个环节,按适用范围可分为微电网监控通信网络(微电网监控通信网)和微电网与常规配电网调控中心的通信网络两部分。

(1)微电网监控通信网络。微电网监控通信网络架构如图 6-5 所示。利用先进的通信技术,微电网生产调控网能够解决的主要问题有电力调度、电力设备在线实时监测、现场作业视频管理、电能信息采集、户外设施防盗等。采用的主要的电力通信方式有电力光纤网和无线局域网等。

(2)微电网与常规配电网调控中心之间的通信网络。一般参照智能配电网的通信网络架构进行构建,将微电网作为一个有源可控客户端来处理。

## 6.2.3　微电网通信系统的设计

进行微电网通信方案设计,要根据不同通信技术的优势和应用场合,综合考虑成本、应用环境等诸多因素,合理选取通信技术,进行适当的搭配,以期最大限度地发挥不同通信技术的优势。微电网通信技术的选取,主要根据所传输数据的类型、通信节点的地理位置分布和微电网的规模等因素综合考虑来决定。

微电网通信系统要负责控制、监控用户等多类型数据信息的双向、及时、可靠传输,是一个集通信、信息、控制等技术为一体的综合系统平台。图 6-6 是微电网通信流程结构图。

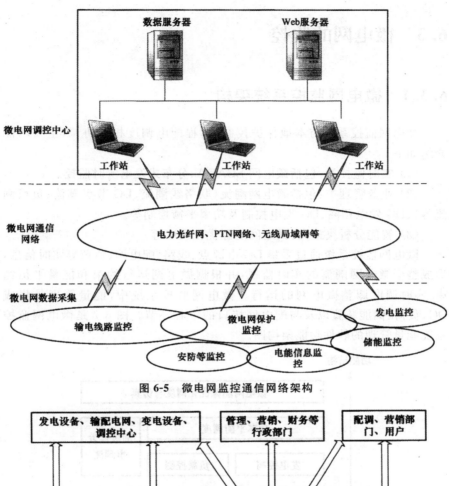

图 6-5 微电网监控通信网络架构

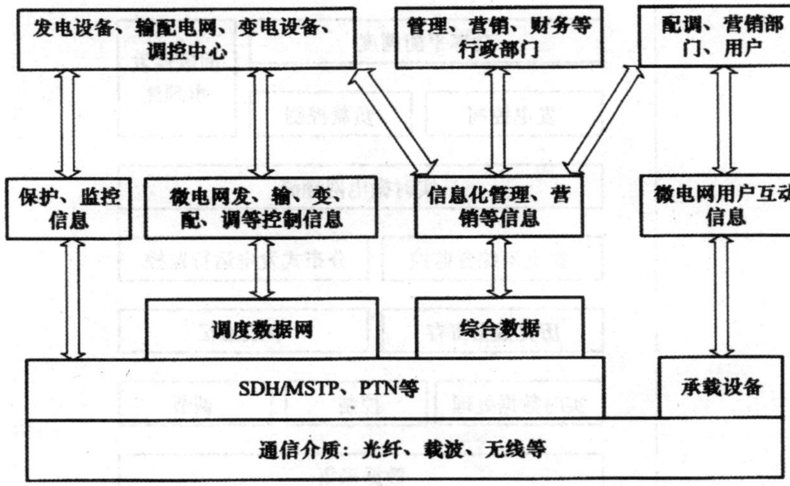

图 6-6 微电网通信流程结构图

SDH，Synchronous Digital Hierarchy，同步数字体系；

MSTP，Multi-Service Transport Platform，多业务传送平台

# 6.3 微电网的监控

## 6.3.1 微电网监控系统架构

微电网监控系统与本地保护控制、远程配电调度相互协调，主要功能介绍如下。

(1) 实时监控类：包括微电网 SCADA、分布式发电实时监控。

(2) 业务管理类：包括微电网潮流（联络线潮流、DG 节点潮流、负荷潮流等）、DG 发电预测、DG 发电控制及功率平衡控制等。

(3) 智能分析决策类：微电网能源优化调度等。

微电网监控系统通过采集 DG 电源点、线路、配电网、负荷等实时信息，形成整个微电网潮流的实时监视，并根据微电网运行约束和能量平衡约束，实时调度调整微电网的运行。微电网监控系统中，能量管理是集成 DG、负荷、储能装置以及与配电网接口的中心环节。图 6-7 是微电网监控系统能量管理的软件功能架构图。

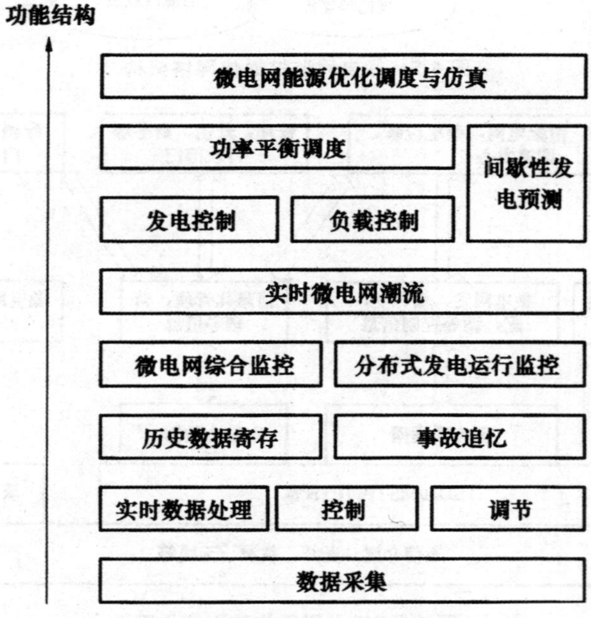

图 6-7 微电网监控系统能量管理的软件功能架构图

## 6.3.2 微电网监控系统组成

微电网实时监控系统中的 DG、储能装置、负荷及控制装置。微电网综合监控系统由光伏发电监控、风力发电监控、微燃气轮机发电监控、其他发电监控、储能监控和负荷监控组成。

### 6.3.2.1 光伏发电监控

对光伏发电的实时运行信息和报警信息进行全面的监视,并对光伏发电进行多方面的统计和分析,实现对光伏发电的全方面掌控。

光伏发电监控主要提供以下功能。

(1) 实时显示光伏的当前发电总功率、日总发电量、累计总发电量、累计 $CO_2$ 总减排量以及每日发电功率曲线图。

(2) 查看各光伏逆变器的运行参数,主要包括直流电压、直流电流、直流功率、交流电压、交流电流、频率、当前发电功率、功率因数、日发电量、累计发电量、累计 $CO_2$ 减排量、逆变器机内温度以及 24h 内的功率输出曲线图等。

(3) 监视逆变器的运行状态,采用声光报警方式提示设备出现故障,查看故障原因及故障时间,故障信息包括电网电压过高、电网电压过低、电网频率过高、电网频率过低、直流电压过高、直流电压过低、逆变器过载、逆变器过热、逆变器短路、散热器过热、逆变器孤岛、通信失败等。

(4) 预测光伏发电的短期和超短期发电功率,为微电网能量优化调度提供依据。

(5) 调节光伏发电功率,控制光伏逆变器的启停。

### 6.3.2.2 风力发电监控

对风力发电的实时运行信息、报警信息进行全面的监视,并对风力发电进行多方面的统计和分析,实现对风力发电的全方面掌控。

风力发电监控主要提供以下功能。

(1) 实时显示风力发电的当前发电总功率、日总发电量、累计总发电量,以及 24h 内发电功率曲线图。

(2) 采集风机运行状态数据,主要包括三相电压、三相电流、电网频率、功率因数、输出功率、发电机转速、风轮转速、发电机绕组温度、齿轮箱油温、环境温度、控制板温度、机械制动闸片磨损及温度、电缆扭绞、机舱振动、风速仪和风向标等。

（3）预测风力发电的短期和超短期发电功率，为微电网能量优化调度提供依据。

（4）调节风力发电功率，控制逆变器的启停。

### 6.3.2.3 微型燃气轮机发电监控

对微型燃气轮机发电的实时运行信息和报警信息进行全面监控，并对微型燃气轮机发电进行多方面的统计分析，实现对微型燃气轮机的全面监控。

微型燃气轮机发电监控主要提供以下功能。

（1）监测微型燃气轮机发电机组的工作参数，主要包括转速、燃气进气量、燃气压力、排气压力、排气温度、爆震量、含氧量。

（2）监测并网前后电压、电流、频率、相位和功率因数。

（3）实现对微型燃气轮机发电机组工作状态分析、管理和工作状态的调节。

### 6.3.2.4 其他发电监控

其他发电监控与上述发电监控类似，需要监控的内容均为当前 DG 输出电压、工作电流、输入功率、并网电流、并网功率、电网电压、当前发电功率、累计发电功率、24h 内的功率输出曲线、24h 内的并网功率曲线。其目的都是为了实现系统的安全稳定运行。

### 6.3.2.5 储能监控

对储能电池和 PCS 的实时运行信息、报警信息进行全面的监视，并对储能进行多方面的统计和分析，实现对储能的全方面掌控。

储能监控主要提供以下功能。

（1）实时显示储能的当前可放电量、可充电量、最大放电功率、当前放电功率、可放电时间、总充电量、总放电量。

（2）遥信：交直流双向变流器的运行状态、保护信息、告警信息。其中，保护信息包括低电压保护、过电压保护、缺相保护、低频率保护、过频率保护、过电流保护、器件异常保护、电池组异常工况保护、过温保护。

（3）遥测：交直流双向变流器的电池电压、电池充放电电流、交流电压、输入/输出功率等。

（4）遥调：对电池充放电时间、充放电电流、电池保护电压进行遥调，实现远端对交直流双向变流器相关参数的调节。

（5）遥控：对交直流双向变流器进行远端遥控电池充电、电池放电。

### 6.3.2.6　负荷监控

对负荷运行信息和报警信息进行全面监控，并对负荷进行多方面的统计分析，实现对负荷的全面监控。

负荷监控主要功能如下。

（1）监测负荷电压、电流、有功功率、无功功率、视在功率。

（2）记录负荷最大功率及出现时间、最大三相电压及出现时间、最大三相功率因数及出现时间，统计监测电压合格率、停电时间等。

（3）提供负荷超限报警、历史曲线、报表、事件查询等。

### 6.3.2.7　微电网综合监控

监视微电网系统运行的综合信息，包括微电网系统频率、公共连接点的电压、配电交换功率，并实时统计微电网总发电输出功率、储能剩余容量、微电网总有功负荷、总无功负荷、敏感负荷总有功、可控负荷总有功、完全可切除负荷总有功，并监视微电网内部各断路器开关状态、各支路有功功率、各支路无功功率、各设备的报警等实时信息，完成整个微电网的实时监控和统计。

## 6.3.3　微电网监控系统设计

微电网监控系统的设计，从微电网的配电网调度层、集中控制层、就地控制层三个层面进行综合管理和控制。微电网监控系统是集成本地分布式发电、负荷、储能以及与配电网接口的中心环节，通过固定的功率平衡算法产生控制调节策略，保证微电网并、离网及状态切换时的稳定运行。

微电网就地控制保护、集中微电网监控管理与远方配电调度相互配合，通过控制调节联络线上的潮流实现微电网功率平衡控制，如图 6-8 所示是整个包含微电网的配电网系统协调控制协作图。

微电网监控系统不仅仅局限于数据的采集，还要实现微电网的控制管理与运行，微电网监控系统设计要考虑的问题有以下几个方面。

（1）微电网保护。针对微电网中各种保护的合理配置以及在线校核保护定值的合理性，提出参考解决方案。避免微电网在某些运行情况下出现的保护误动而导致的不必要的停电。

（2）DG 接入。微电网有多种类型的分布式发电，由于其输出功率不确定，因此针对这些种类多样、接入点分散的分布式发电，提出方案解决如

何合理接入,接入后如何协调,同时保证微电网并网、离网状态下稳定
运行。

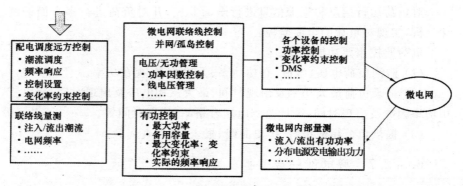

图 6-8　包含微电网的配电网系统协调控制协作图

（3）DG 发电预测。通过气象局的天气预报信息以及历史气象信息和历史发电情况,预测超短期内的风力发电、太阳能光伏发电的发电量,使得微电网成为可预测、可控制的系统。

（4）微电网电压无功平衡控制。微电网作为一个相对独立的电力可控单元,在与配电网并网运行时,一方面能满足配电网对微电网提出的功率因数或无功吸收要求以减少无功的长距离输送,另一方面需要保证微电网内部的电压质量,微电网需要对电压进行无功平衡控制,从而优化配电网与微电网电能质量。

（5）微电网负荷控制。当微电网处于离网运行或配电网对整个微电网有负荷或输出功率要求,而分布式发电输出功率一定时,需要根据负荷的重要程度分批分次切除、恢复、调节各种类型的负荷,保证微电网重要用户的供电可靠性的同时,保证整个微电网的安全运行。

（6）微电网发电控制。当微电网处于离网运行或配电网对整个微电网有负荷或输出功率要求时,为保证微电网安全经济运行,配合各种分布式发电,合理调节各分布式发电输出功率,尤其可以合理利用蓄电池的充放电切换、微燃气轮机冷热电协调配合等特性。

（7）微电网多级优化调度。它分多种运行情况（并网供电、离网供电）、多种级别（DG 级、微电网级、调度级）协调负荷控制和发电控制,保证整个微电网系统处于安全、经济的运行状态,同时为配电网的优化调度提供支撑。

（8）微电网与大电网间的配合运行。对于公共电网,微电网既可能是一个负荷,也可能是一个电源点。如果微电网和公共电网协调配置,将会大大减少配电网损耗、实现削峰填谷,甚至在公共电网出现严重故障时,微电网的合理输出功率将会加快公共电网的恢复,使微电网与公共电网间配合运行。

# 第7章　微电网的经济性与市场参与

微电网的市场接受度和生存能力与多个经济问题息息相关。为了使微电网在公用事业中占据一席之地,有必要在微电网应用示范项目中对相关经济问题进行评估和解决,并且精心设计与这些经济问题相关的监管事项,这样微电网才能有效地参与到电力及多个辅助行业的开放市场中。

## 7.1　微电网的经济性

### 7.1.1　微电网和传统电力系统的经济性比较

微电网通常是由一群关注减少环境影响的客户设计并投入运行。与传统电力系统不同,微电网不会产生任何与输配电损耗、客户服务、电力拥堵及其他关联的费用。与传统电力系统相比,微电网有多方面的优势可以降低能源成本。用户侧发电方式与传统的发电方式,尤其是与往复式发动机发电相比,更具有竞争性。但是,微电网带来的环境影响及并网费用有时限制了它的适用性。新兴的分布式能源(DER)技术在生产低成本清洁能源方面前景广阔。

与主电网相比,微电网的经济性在以下几个方面较为相似:①经济调度规则;②根据设备特性以尽可能低的成本整合资源使成本最小化;③不同时段的购售电交易;④多元技术资源的优化组合满足系统不同的工作周期;⑤高投入低可变成本的发电技术满足基本负荷需求的适应性;⑥低投入高可变成本的发电技术满足峰值负荷需求的适合性。

与主电网相比,微电网的经济性主要有以下两点不同。

(1) 热电供应联合优化。

(2) 供需联合优化。

#### 7.1.1.1　热电供应联合优化

热电联产(CHP)系统是微电网经济中尚待开发的领域。CHP 系统的主要目标是利用余热为用户供暖,并通过热电联合优化方式发电。对于集中式发电系统的经济性而言,绝不会将热能的利用作为主要目标。再次考虑使用 CHP 系统的原因在于它可以大幅降低碳排放并提高总体发电效率。通过 CHP 系统的使用,总体发电效率可以由传统火电技术的 33% 或联合循环燃气轮机(Combined Cycle Gas Turbine,CCGT)的 50% 提高到 80% 以上。

CHP 是微电网经济性的核心,通过尽可能地减少发电机组和负荷间的热能传输损耗实现能源利用效率的最大化。因此,基于 CHP 的发电机组应位于热负荷的场所附近。

CHP 在微电网中的主要应用包括:①空间加热,家庭用水加热与灭菌;②工业或制造业生产过程供热;③空间制冷,吸收式制冷。开发 CHP 的技术可行性使客户能够自发地利用 CHP 发电。与分别向不同的能源供应商购入电能、供热、冷却服务相比,这对于终端用户而言较为经济。

### 7.1.1.2　供需联合优化

供需联合优化是微电网经济性也是需要优先考虑的事项之一。

(1)衡量此联合优化最重要的判断标准是任意时间点的自发电边际成本。在发电经济中不考虑投资成本回收、交叉补贴、非精确计量与计费。

(2)供需优化相对更容易实现,因为生产者与消费者属同一决策人。微电网应该掌握每一时间点的发电边际成本和能源效率投资的等量成本,以及能够随时决定缩减交易成本,这就成为实施负荷控制的新范例。

## 7.1.2　微电网经济性影响因素分析

### 7.1.2.1　电源类型

微电网中分布式电源的选择不仅取决于自然环境、政策指导、用户诉求等客观因素,还取决于其技术支持、设备成本、维护成本等主观因素,对微电网的经济运行起到了至关重要的作用。

(1)光伏发电。太阳能电池的类型多种多样,目前发展最成熟的是硅太阳能电池,其在应用中居主导地位。由于太阳能的主要成本就是固定资产的投入,因此只有通过降低太阳能光伏系统的制造成本才能降低太阳能光伏的每度电成本。

(2)风力发电。风力发电有以下两种不同的类型。

① 离网型的风力发电规模较小,通过蓄电池等储能装置或者与其他分

布式能源发电技术相结合,可以解决无电网的偏远地区的供电问题。

②并网运行的风力发电场是国内外风力发电的主要发展方向,可以得到大电网的支撑和补偿,有利于更充分地开发风力资源。

在日益开放的电力市场环境下,风力发电的成本也将不断降低,如果考虑到环境效益等因素,则风力发电在经济上也具有很大的吸引力。

(3)微型燃气轮机。微型燃气轮机是目前在微电网的经济运行中比较成功和成熟的分布式电源之一,以冷热电联产的微电网最为典型。由美国 CERTS 提出的分布式电源用户侧模型 DER-CAM 将分布式发电的安装和运行成本等与电力部门的供电费用结构进行比较,可以为用户提供供电效果佳且成本低的分布式发电技术组合以及热电联产的技术配置决策。

### 7.1.2.2　储能配比

微电网中的储能配比问题实际上是微电网的能量管理问题,也是一个电力规划问题。微电网的电能具有不稳定性、不可控性和分散性,必须对分布式电源实行分散管理,能量就地控制,充分发挥微电网中储能装置的作用,提高微电网的电能质量。

为了实现削峰填谷,对电能的控制必不可少。按照用户对电力供给的不同需求,负荷被分类和细化成金字塔式的负荷结构。其中少数负荷位于金字塔的顶层,对电能质量要求极高,而多数负荷位于金字塔的底端,对电能质量要求不高。微电网在保证微电网安全稳定运行的同时,还要保持其个性化供电的特点。为了满足这些要求,对微电网电能进行合理的储能配比分析十分重要。

微电网需要有足够的储能空间来吸纳当其在产能高峰时产出的多余电能,以确保电能得到充分利用。增加微电网的储能设备势必会增加微电网的建设和运维成本,目前铅酸电池储能系统的费用约为 1 200 元/(kW·h)。

## 7.1.3　微电网成本效益构成

微电网涉及电源、电网和用户,考虑到分布式供电系统接入电网不应对用户产生影响,微电网成本效益应关注电源和电网。在我国现有社会经济发展阶段,电力需求增长很快,分布式供电系统接入电网引起的延缓投资和降低线损等效益难以体现,因此,微电网综合成本效益的关键要素是成本,按照微电网各个阶段划分,主要包括本体成本、并网综合成本和运维成本,其中本体成本和并网综合成本属于一次性投资类型,运维成本属于年度支出成本。微电网综合成本效益构成如图 7-1 所示。

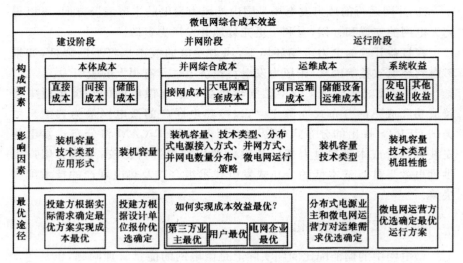

图 7-1　微电网综合成本效益构成

### 7.1.3.1　本体成本

微电网本体成本主要指微电网及分布式电源项目本体规划、建设、调试等引发的成本,可分为直接成本和间接成本,直接成本主要包括设备采购、施工调试、土地基建等费用,间接成本包括咨询设计、项目审批、税费等部分。分布式供电系统本体成本是分布式供电系统成本最为重要的部分,占比较大,通常超过 90%,对分布式供电系统的成本效益产生最为直接的影响。

本体成本受项目装机容量、技术类型、应用形式等多方面因素影响。目前来看,装机容量越大,总投资越大,但单位容量投资会相对变小,尤其是分布式天然气供电系统这类旋转发电机类型的分布式供电系统,分布式光伏发电系统依靠光伏组件的串并联发电,具有模块化特性,单位容量投资受装机容量影响不大。此外,应用形式的不同也会影响系统的结构,对系统总投资产生影响,比如分布式天然气供电系统有区域式和楼宇式两种,分布式光伏供电系统包括屋顶一体化和建筑一体化。

### 7.1.3.2　并网综合成本

微电网既有电源的性质,也有用户的性质,具有多种典型的接入系统设计方案,与分布式供电系统技术类型、装机容量、输出功率和负荷特性的匹配度有较大关系。按照类型来划分,并网综合成本分为分布式电源侧接网成本和电网侧接网成本等。

（1）电源侧接网成本。电源侧接网成本指分布式供电系统接入电网运行时，为了满足电网安全运行和用户供电可靠性的需要，在公共连接点靠电源侧所需要安装的必要设备，通常安装在并网点附近。这些设备包括一次设备、二次设备和通信设备，根据不同的情况可能含有断路器、同期装置、频率电压异常紧急控制装置、远程监测和控制系统等。

按照"谁受益、谁投资"的原则，电源侧接网成本由分布式电源项目业主来投资建设和维护，按照已有项目来看，占比一般为项目本体投资的2%～5%。

（2）电网侧接网成本。电网侧接网成本指为满足分布式供电系统接入电网以及两者安全运行需求，在公共连接点靠电网侧所需要安装的必要设备。这些设备包括一次设备、二次设备和通信设备，根据不同的情况可能含有断路器、线路及相应保护装置、关口计费表、频率电压异常紧急控制装置、电能质量监测装置等。

电网侧接网成本主要由微电网投资建设主体进行投资建设和维护，按照已有项目来看，占比一般为项目本体投资的3%～5%。

### 7.1.3.3　运维成本

运维成本主要指微电网接入大电网后进行发电引起的日常费用，包括本体运维成本和并网运维成本。

本体运维成本是指微电网并网投入运行，主要包括运行成本和维护成本。运行成本主要是燃料成本；维护成本主要是设备维护成本和人员成本。运行成本和技术类型、运行方式相关，分布式天然气供电系统的运行成本主要是天然气成本和自用电成本，分布式光伏发电基本没有运行成本。维护成本通常以项目本体投资成本的一定比例考虑，该比例一般不超过2%。

并网运维成本主要是指分布式供电系统接入系统相关工程的运行维护费用，通常按照投资成本的一定比例考虑。

## 7.1.4　微电网技术经济评价模型

根据微电网成本效益关键要素，构建微电网技术经济评价模型，可以综合分析项目本体成本、并网成本和运维成本在内的微电网综合成本，为微电网科学发展提供决策参考。

微电网技术经济评价模型包括输入、输出、核心计算三个部分，框架设计如图 7-2 所示。输入和输出部分采用自定义的数据格式,两个模块均分成电力系统运行数据文件和经济分析数据文件。核心计算部分主要包括以下模块。

(1) 电力系统计算模块。涉及电网运行的相关成本和效益均需使用该模块,如电网改造成本、辅助服务成本等,这些模块与实际的电网运行有关,需进行相关的潮流计算、短路容量计算。

(2) 优化模块。主要通过电力系统计算模块的结果进行优化分析,考虑电压、电流和短路电流等约束,优化分析输出功率控制和电网改造的措施。

(3) 经济分析模块。根据优化计算得到微电网成本收益模型信息,主要包括微电网及分布式电源项目本体成本、接网成本和电网成本在内的分布式供电系统成本及收益。

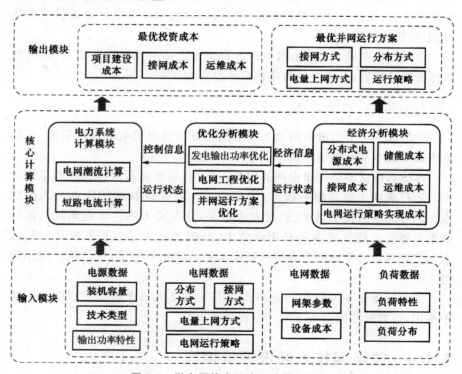

图 7-2　微电网技术经济评价模型框架

## 7.1.5 微电网出现的经济问题及未来发展趋势

微电网的某些经济问题具有其独有特征,有别于传统的主电网规模经济。微电网可以向多个终端用户提供不同可靠性水平的供电。与集中式发电不同,微电网需要在一些约束条件下运行,如减少发电机产生的噪声。传统电力系统的设计和运行通常是按照统一的电能质量和可靠性为用户输送电能,而不考虑终端用户的不同需求。微电网则可以控制终端用户侧节点的电能质量和可靠性,从而满足用户不同可靠性水平的供电需求。因此,对用电质量和供电可靠性要求低的低端用户,可以通过低价购电来降低他们的能源费用。同理,对用电质量和供电可靠性要求高的高端用户,可以通过更高的价格购电以保障他们精密设备的供电,而不需要额外投资优质的供电设备。此外,如果供电短缺,微电网可以切除低端用户的负荷来保证高端用户的供电。微电网的广泛运用、就地控制发电、需求侧管理(DSM)的备用容量及储能装置可以有效地为敏感负荷供电,从而降低了主电网因受敏感负荷可靠性要求制约维持统一高水平的电能质量而产生的经济负担。

在微电网和主电网的关联中存在着一些经济性问题。基本的微电网示范项目与现有的主电网共存,微电网需要遵循主电网适用于所有接入设备的规程。从主电网角度来看,微电网相当于用户或发电机或两者兼有的一个集群,将导致传统经济法则的扩充。为了适应日益增长的负荷,配网系统有必要进行扩建。由于微电网中的发电机通常包含在辐射状的配网系统中,故而配网的扩建便不那么简单。因此,价格信号传输给新用户稍显复杂。价格信号在电力拥堵时仍然可以合适的方式传递给新用户,以鼓励微电网发展、增加发电装机投资及负荷控制、减少电力拥堵。然而,由于与周边配电网络配置的关联性,价格信号传输实施起来存在一定难度。在人口稠密的地区,任何一个终端用户按经济适用的意愿,可能有多个从邻近配电网接入的选择。由此可见,由微电网承担的电力拥堵成本取决于周边可用的配电系统运行模式,而这种模式的突然改变将影响当地微电网经济的关联性。

微电网需要全面参与到能源和辅助服务的市场中,但是它的低电压水平使其输送电能及提供服务的能力难以超越变电站。然而,通过合适的保护控制方案发挥微电网就地发电的优势,就可以为敏感负荷可靠供电。这对于整个电力系统的健康状态和经济性作出了有价值的贡献,实际上电力市场应对可变负荷的快速变化是不可行的。

　　微电网的发展需要公共环境以及政策和商业上的支持,这跟全球气候环境所需的能源政策十分契合。此外,急速扩张的市场需要加快改变相关的监管办法。采用 IT 新技术为微电网更好地实时控制实现商业化服务。微电网按照电价信号的主动需求管理可以为主电网削峰,实现大范围的节能降耗,向人们灌输有利于提高家庭能源效率的文化理念。一个包含光伏、微型 CHP 和小容量蓄电池的微电网可以完全独立于主电网,也因此能够安装在边远地区,而无须传输电缆,且在微电网外不会产生配电费用。微电网在对移除影响美观的电力电缆上也有恢复自然美的社会效益。这项技术可以减少现有集中式发电系统的最大需求量,从而大大缩减运行和长期投资成本。微电网也可以进一步采取其他节能措施减少家庭和办公用电需求,以及按照《京都协议书》的要求减少建筑物温室气体的排放。微电网的全部潜能只有在电力市场和监管体系上做出必要的改变并生效后才能被完全开发出来。

# 7.2　微电网的市场参与

　　电力市场改革给垂直一体化电力系统的垄断市场带来了巨大的变化。这种垂直一体化垄断的三个主要部分是发电、输电和配电。虽然在重组的市场环境下,这三个部分的主要职能保持不变,但是新型的分类计价和合作模式正逐步建立,以确保所有市场参与者的竞争和无差别准入,包括销售商和用户。

　　重组通过开放和市场竞争显著降低了小型企业和用户的成本。允许用户选择电力供应商,这将有助于提高服务的可靠性水平。通过发电和输电系统互联的运行领域扩展,这种开放的市场竞争也提高了经济效益。

　　重组将开放输电服务以保证用户的自由选择,同时通过计量和通信新技术的应用提供竞争,创造新的商业机会。微电网被看作一个具有就地发电能力的整体可控负荷集,因此在重组的开放性电力市场中可以方便地参与电力销售和辅助服务。这就保证了相对低的成本下的电力系统的可靠性、电能质量和效率。

## 7.2.1　重组模式

　　为了削弱垂直一体化电力公司的垄断,电力市场重组发展出三种主要的模式,即电力库模式、双边交易模式和混合模式。这些模式包含了不同类型的竞争,以保证在开放的市场下对用户更好地服务。

(1) 电力库模式,指电能买卖的双方在集中市场中进行市场出清。在这种交易模式下,市场参与者提交需要卖出或者购入的电能总量以及相应的报价,市场出清保证市场库中所有供应商和用户的参与。通常由独立系统运营商(Independent System Operator,ISO)预测第二天的负荷需求,并接受以最低的成本和基于发电机组在成本最高情况下运行的电价来满足需求的投标。这种模式的主要特点是建立了互联输电系统服务的独立竞售电力库。这是一个对电力交易进行集中出清的市场,旨在引入竞争使发电商以市场出清价(Market Clearing Price,MCP)向电力库卖电,同时配电商以 MCP 从电力库购电,MCP 由电力库决定而与发电成本无关。为了保证电力系统的高效运行,电力库负责输电网的维护,并向发电商和配电商收取同等的费用来补偿其运营成本。这种电力市场动态地促使现货电价达到一个竞争水平,该水平与大部分高效率市场参与者的边际成本相一致。在电力库模式下,卖方根据交易的电量收取费用,买方按实时消耗的电量缴纳电费。

(2) 双边交易模式,也被称为直接进入模式,因为 ISO 的作用被更多地限制了,因而允许买卖双方直接在电力市场中谈判而无须经过电力库。为了确保使用有效的输、配电系统进行电能销售,这个模式建立了输电系统和配电系统的无差别进入和竞价规则。电力供应商向输电公司和配电公司(Distribution Companies,DISCO)支付输电网和配电网的使用费。发电公司(Generation Companies,GENCO)作为电力供应商,而输电公司(Transmission Companies,TRANSCO)作为合约方扮演电能公共承运商的角色,它们两者在收益的获取和赢得用户的选择上有着共同的利益。另外,DISCO 作为大量零售电力用户的集合,需要长期地提供电能。所签的合同内容包括电价、电量和交易双方在电力系统中的位置,而 GENCO 需要把发电计划通知 ISO,以确保有充足的资源来完成该交易和保证系统的稳定性。为了减少输电拥堵、保证电力系统的实时可靠性,电力供应商必须提供增减输出功率的报价以便无差别地使用输、配电系统。没有完成合同招标的系统使用者可以选择向别的电力供应商购买其负荷所需的电量,否则就得修改其负荷曲线。

(3) 混合模式,包含了上述两个模式的多个特性。在这个模式中,不强制市场参与者通过电力交易中心(Power Exchange,PX)来出售或者购买电能,并且允许用户选择与电力库中的供应商签订双边交易合同。买卖双方可以选择不签订任何双边交易合同,只通过电力库完成交易,从而使交易具有最大的灵活性,或者直接进行双边交易来买卖电能。选择通过电力库来参与市场竞争的 GENCO 需要向 PX 提交竞争性的报价。一般来说，除非输电线路出现拥堵，否则所有的双边交易合同都可以执行。双边交易合同外的负荷将按照电力库中 GENCO 竞价而来的经济分配进行电能供应。由于可以借助电力库高效地获取单个用户的电能需求信息，因此该模式可以简化电能的平衡过程。混合模式在提供基于价格和服务的市场选择上非常灵活，但是由于存在不同市场实体之间的直接交易，所以该模式在交易成本上会较高。

## 7.2.2  日前市场和时前市场

针对调度日全部 24h 的每一个小时，卖方为其电能供应计划报价，同时买方以不同的价格对其负荷需求计划报价，用于确定每小时的 MCP。卖方和买方需要分别对所售电能的来源和所买电能的输送点作详细的说明。由于独立系统运营商（ISO）负责电能的输送，所以在 PX 最终确定交易计划前，ISO 将会根据输电拥堵和辅助服务的情况对供应和需求进行调整。

时前市场与日前市场类似，不同之处在于：①交易以每小时为单位；②减少可用输电容量（Available Transfer Capability，ATC）到只包括日前交易；③无须重复报价。

在 MCP 确定之后，市场参与者需要提交给 PX 的附加数据包括个体发电计划、负荷接入点、涉及输电拥堵管理的报价调整和辅助服务报价。这使得 ISO 和 PX 可以掌握每台发电机组对于输电系统的接入点。

由国家教育研究与评估中心（NEREC）（WWW. nerec. com）定义的有关日前市场和时前市场的术语如下。

（1）ATC（Available Transfer Capability，可用输电容量），是指物理输电网络在已使用的输电容量上可进一步用于商业活动的剩余输电容量。

（2）TTC（Total Transfer Capability，总输电容量），是指在一定的约束条件下互联输电网络能可靠传输的电力容量。

（3）TRM（Transmission Reliability Margin，输电可靠性裕度），是指在不确定的系统运行方式下，保证互联输电网络在合理范围内的安全性所必需的输电容量。

（4）CBM（Capacity Benefit Margin，容量效益裕度），是指负荷服务企业（Load Serving Entity，LSE）为满足发电可靠性要求，应保证从发电系统进入互联系统的备用输电容量。

上述四个量之间的关系是：
$$TTC＝ATC＋TRM＋CBM$$

## 7.2.3　弹性与非弹性市场

非弹性市场无法提供足够的市场信号去激励用户根据电价调整其负荷需求,这样用户没有足够的动力来调整其负荷需求以适应市场情况的变化。因此,市场出清价主要取决于电力供应商的价格结构。

在推行开放的电力市场之前,电力行业已经在这种无弹性需求或者固定负荷的模式下运行了数十年。与之相反,弹性市场提供了足够的市场信号和激励机制来鼓励用户根据市场情况的变化调整其负荷需求,以减少他们的总用电成本。

## 7.2.4　市场支配力

市场支配力的定义是,单个的或一组销售商具有推动市场价格在竞争水平之上并控制市场整体输出,在相当长的一段时间里阻止其他竞争者参与相关市场的能力。因此,市场支配力带来的垄断会阻止预期的市场参与者进入开放竞争的环境,从而降低供电服务质量和可靠性,妨碍了技术创新,导致不合理的资源配置。当一个发电商在总可用发电容量中占有较大份额时,市场支配力就会被有意地使用。当输电约束限制了一个特定区域的输电容量时,为了维持系统稳定而迫使消费者从本地供应商处以较高的价格购买电能,市场支配力也可以被偶尔使用。在出现输电约束的情况下,距离较远的发电机组将被限制供电,所以由本地电力供应商主导市场价格。由于电表无法以小时为单位分时计量,这使得发电商为了自己的利益而抬高电价,所以有时电力用户不得不支付在非用电高峰期间与电能使用用量无关的更高的费用。输电部分也可以通过给一些特定的联合发电商提供输电信息来行使市场支配力,这将会阻止其他参与者参与开放市场的竞争。

市场支配力有以下两种类型。

(1)垂直市场支配力。

(2)水平市场支配力。

### 7.2.4.1　垂直市场支配力

这是单个公司或者联营公司在发电和输电过程中控制整个市场流程瓶颈的权限,这个瓶颈体现在电能只能通过输电线路传输给有意购电方。流程瓶颈的控制使得该公司及其联营公司较之竞争对手能优先行使市场支配力,这导致了在其控制下输电和配电设施的滥用。

一个成功、计划周详、功能完善的独立系统运营商(ISO)可以解决垂直市场支配力带来的问题。

#### 7.2.4.2　水平市场支配力

这是指占主导地位的公司或者一群公司通过控制发电限制输出功率的能力,因此其可以根据自身利益控制市场价格,它源于在特定的市场区域内所有权过度集中而带来的局部控制。它也可以被看作是一种影响力的滥用,这种影响力体现在,一个特定团体可以简单地通过保留发电输出功率来维持供应—需求的均衡,这最终导致了更高的市场电价。

赫芬达尔—赫希曼指数(Herfindahl-Hirschman Index,HHI)可以定量地表示市场支配力。HHI被定义为所有市场参与者的市场占有率加权总和,可以定量地表示为参与者市场占有率的二次方和:

$$HHI = \sum_{i=1}^{N} S_i^2$$

式中,$N$是参与者的数量;$S$是第$i$个参与者的市场占有率。

通过ISO的成功运营也可以消除水平市场支配力。

## 7.2.5　搁置成本

搁置成本(Stranded Cost)是指由传统垄断的电力公司不经济的和低效的委托或投资产生的成本,但是这种成本在开放竞争的电力市场中不大可能通过出售电力来回收。搁置成本是一个行业重组过程中的术语,基本上是指在垂直垄断下期望回收的成本与在开放竞争的市场下所回收成本的差值。

在垂直垄断下,电力公司可以强加更高的电费到终端用户身上来获取可观的收益,从而回收其成本。然而,从垂直垄断到重组的电力市场的转换,很可能迫使这种低效的投资在开放竞争的市场下无法回收成本。因此,搁置成本的回收在重组的电力市场中仍然是一个主要的经济问题。

## 7.2.6　独立系统运营商

在服务成本控制的运行方式中,垂直一体化的电力公司通过运作自己的系统来进行发电机组的经济调度以管理在控制范围内的购售电。在垂直一体化的垄断下,电力公司建立集中调度的区域电力联营体,以便在该区域的所有成员范围内更好地统筹发电、输电的计划与运行,从而提高效率、保持协调及备用共享。这将降低终端用户的用电成本。

(1)紧密型电力联营体,通常以互联、计量和遥测的方式来约束其控制的区域。他们在其区域范围内调节自动发电控制(AGC),并且通过联络线的功率交换来进行互联区域的频率调整,他们也为其成员提供基于秒级的发电机组组合、电力调度和交易计划服务。

(2)宽松型电力联营体,该电力联营体对于发电、输电的计划和运行的协调配合水平没有紧密型电力系统高。在紧急情况时,该类电力系统所提供的支持对于其成员来说十分重要。

(3)联合型电力联营体,对不同成员拥有的发电机组作为一个单独的实体来进行调度。该电力联营体的成员通过签订内容广泛的协议来控制发电和输电成本。

随着电力供应商的大量增加,在输电拥堵时进入输电系统会受到限制。垂直一体化的电力公司的成员通常不会允许其他公司和电力供应商完全接入自己的输电系统。此外,电力系统会控制该区域内输电系统的接入,使得非成员要使用该输电系统的设备变得非常困难。区域电力系统也采取对成员的限制性管理模式,关闭区域内成员的对外联络通道。这些不公平的行业惯例妨碍了开放性竞争发电市场的发展。正是由于这样的原因导致了 ISO 的出现和发展,美国联邦能源管理委员会(FERC)颁布 888 号条例,要求输电系统拥有者为其他没有输电设备的电力供应商提供同等的输电服务。规定输电系统拥有者通过自己的输电系统进行趸售和购买电能时,所需的输电费要与征收其他电力供应商使用该输电系统的费用一致。这是破除输电系统持有者输电垄断的开始,促进了 ISO 的发展,同时在 FERC 的鼓励下,ISO 执行开放平等地进入输电系统的政策。

ISO 是一个完全独立于其他市场参与者[发电商、输电系统运营商、配电公司(DISCO)和终端电力用户]的市场实体,其功能是保证电力市场参与者公平、无差别地获得输电、配电和辅助服务,并且保持电力系统实时运行的可靠性。

ISO 需要不断地评估输电系统的状态,并根据评估结果来批准或者拒绝输电服务的请求。ISO 主要负责保持输电系统的实时可靠性,以确保系统的完整性、基于秒级的电力供求平衡和系统频率维持在可接受范围内。必要时,即便输电系统受到某些约束和限制,ISO 也可以调度电能来保证电力市场的可靠运行。它还可以包含和控制电力交易中心(PX)对所有发电机组进行平滑的调度,并且基于电力市场中的最高竞价以小时为单位设定电价。

根据 FERC 的 888 号条例，ISO 必须提供以下 6 种类型的辅助服务：①计划、控制和调度服务；②无功补偿和电压调整；③频率调节和频率响应服务；④电能不平衡服务；⑤运行备用、旋转备用和事故备用服务；⑥减轻输电约束。FERC 的 888 号条例也指出，输电系统的用户可以自行提供这些服务或者通过 OASIS 系统从 ISO 处实时购买这些辅助服务。

## 7.2.7　输电拥堵管理

输电拥堵是指输电线路或者变压器上出现功率过载的情况，它可能由输电线路停运、发电机组停运、电能需求变化、电力交易协调失误等原因引起。输电拥堵将会妨碍新电力交易合同的签订，使得现有的交易合同无法完成，并且会导致额外的电力中断，某些区域出现电价的垄断以及系统设备的老化和损坏。输电拥堵在一定程度上可以通过容量预留、输电权交易和收取拥堵费用来部分防止，也可以采用技术上的控制，例如移相、在线变压器分接头有载调节、无功 VAR 控制、重新调度、重新安排发电计划和削减负荷来应对。缓解输电拥堵最快的方法是切除发生拥堵的线路，以防止输电拥堵对系统设备造成严重损害。

美国联邦能源管理委员会关于输电拥堵管理的指导原则如下。

（1）对于输电线路的使用建立明确、可交易的权利。

（2）提高区域调度的效率。

（3）支持输电权交易二级市场的兴起。

（4）应该给市场参与者提供对冲节点电价差的机会。

（5）输电拥堵定价要保证那些为系统负荷服务的发电机组在输电约束下的调度成本最低。

（6）应确保输电容量被那些最能体现使用价值的参与者使用。

尽管存在困难和成本过高的问题，但是基于节点边际电价（Locational Marginal Price，LMP）和固定输电服务金融权的输电拥堵管理可以在电力市场中有效地实现。这是因为存在以下几个因素。

（1）LMP 必须根据用户同意的实际调度情况和系统使用情况，直接把拥堵费用分摊到输电费用中。

（2）LMP 应该协助建立金融输电权，并且让用户支付已知的费率，从而对冲输电拥堵费用。

（3）金融权持有人有资格享有输电拥堵收费带来的收益，因此可以解决输电成本过度回收的问题。

另外一个输电拥堵管理的策略是物理输电权方案，物理输电权可以在二级市场进行交易。首先独立系统运营商(ISO)通过拍卖或分配的方式发布这些输电权,这使得市场参与者在通过受约束的接口(Interface)提供电力服务之前就对特定的输电接口享有了充分的所有权。因此,ISO 在输电拥堵管理中的作用在很大程度上就被削弱了。尽管这种方案在输电拥堵不严重或者不频繁发生的区域中被证明是可行的,但在拥堵严重的区域中则不可行。

根据 FERC 的指导原则,为了电力系统的稳定性,ISO 有权命令重新调度电力,但这也要看拥堵管理的市场机制。如果市场机制无法减轻输电拥堵,ISO 有权削减一些导致拥堵的输电服务交易,但是 ISO 不能仅出于拥堵管理的目而对发电机组进行重新调度。在垂直一体化的垄断下,输电拥堵的成本要么被忽略,要么被隐藏在输电费用中。输电拥堵管理系统的主要缺点是缺少使输电资源有效配置的真正的价格信号。

### 7.2.7.1　输电拥堵定价

输电拥堵成本考虑到重组的要求,把这些成本分摊到输电系统的使用者身上,分摊成本时要采用公平的方法使之能反映输电系统的实际使用情况。拥堵定价有以下三种基本的方法。

(1) 按对拥堵成本的影响分摊。该方法适用于输电拥堵不严重的系统。在这个方法中,拥堵成本根据负荷比率分配到输电系统中的每个负荷上。

(2) 节点边际电价(LMP)。该方法基于为输电网中指定节点处负荷的下一次增加提供电能的成本。买方的电价由开放竞争的电力市场中指定节点的 LMP 和输电拥堵成本决定,两节点间的 LMP 差值就是拥堵成本。输电系统中所有节点的 LMP 都是由市场参与者提供给电力交易中心(PX)的报价计算而来。

(3) 收取区域间联络线的使用费。在该方法中,ISO 控制的区域根据受约束的线路的历史拥堵情况分为若干拥堵区域。根据市场参与者自愿提交的调整发电输出功率的报价来向整个输电系统的用户收取区域间联络线的使用费。这种报价可以显示出市场参与者为发电机组增减输出功率支付相应成本的意愿。

### 7.2.7.2　输电权

输电权可以保障输电系统容量得到高效利用,并且确保输电容量分配给最能体现其使用价值的系统用户。这些可以交易的输电权允许买家使用输电容量并且在物理上使用输电系统。这使得企业可以用比较便宜的成本购买可用的输电权,而无须花大的投资建设新的输电系统。可以通过给那些使输电容量价值最大化的用户提供容量预留服务,以提高输电系统的使用效率。

虽然固定输电权在概念上属于金融权利,但是它等同于物理上的权利。这种金融形式的交易更加容易,而且输电系统的使用并没有与所有权捆绑在一起。这种金融权基于输电网络电能输入和输出节点。根据两节点间的电能 LMP 差额,持有输电权的市场参与者支付或者获得等值的货币。独立系统运营商(ISO)对输电权的出售与购买集中组织拍卖。输电权的持有者可以在二级市场中按照双边合同自由地交易他们的权利。

### 7.2.7.3 区域间和区域内的输电拥堵管理

输电网在开放的电力市场中扮演了一个主要的角色。移相器和可调分接头变压器可以起到防止和缓解输电拥堵的作用,这些控制器可以帮助 ISO 在不需要重新安排发电调度计划的前提下缓解输电拥堵。随着考虑到区域外和区域内潮流及其对电力系统影响的管理方案的实施,输电拥堵管理变得更加容易。这些拥堵管理的主要目标是最小化优先调度计划的调整次数,这些计划是在出现事故紧急约束的限制下,使用控制器来最小化区域间的相互影响。

与拥堵管理惯例不同,新的合同要在拥堵的输电线路上标出潮流方向的改变。诸如移相器、可调分接头变压器、FACTS 控制器的控制装置通过控制线路潮流,对缓解重组市场环境下的输电拥堵起到了至关重要的作用。移相器和可调分接头变压器的合理配合可以增加电力交易的可能性和可行性,从而提高系统的性能和合同的交易量。ISO 可以通过:①在减缓拥堵时考虑事故紧急情况的限制;②最小化调节次数;③消除区域间、区域内和跨境区域内次要问题之间的相互影响,来实现更高效的输电拥堵管理。

在收到电力交易中心(PX)的优先调度计划后,ISO 要做系统的事故分析,识别出当前拥堵管理模式下最严重的事故情形。之后,ISO 明确区域内和区域间的输电拥堵情况,在不考虑调度协调员(Scheduling Coordinator,SC)的优先调度计划情况下,最小化总拥堵成本。SC 代表负荷整合商、电力零售商和用户与 ISO 协调每小时的配电计划和发电机输入电网的功率与电网输出功率的平衡计划。ISO 用增加或减少发电机输出功率的报价来缓减输电拥堵。区域间的输电拥堵比区域内的更为频繁,因此先解决区域间的突发事故再解决区域内的。ISO 对区域间的输电拥堵逐个进行核实,为了避免对优先调度计划作出调整,所以 ISO 对任何拥堵都先尝试通过控制器的动作来解决。对 ISO 来说,重新安排调度计划是解决输电拥堵的最后手段。如果没有检测到输电拥堵,PX 和 SC 已提交的优先调度计划就被接受为最终的实时调度计划。

## 7.2.8　电力交易中心

电力交易中心(PX)也被叫作现货电价库,是一个在开放竞争的基础上交易电能和其他辅助服务的共同市场。PX 是一个非政府、非盈利的独立实体,它接受负荷预测和发电计划,并提供一个快速的电子拍卖市场以便市场参与者易于电力交易。它为次日买方和卖方的交易制定以小时为单位的市场出清价(MCP)。通常 PX 负责信用管理和供需调度与平衡,以确保所有市场参与者都可以平等地参与市场、享有竞争的市场环境和同等的机会。它简化了目前市场和时前市场(Day-ahead and Hour-ahead Markets),使得电力交易更加经济。

参与者包括:①发电企业,拥有多台发电机组的企业。②电力营销商,发电企业发挥其市场支配力量的代理机构,代表发电商的利益。它是一个中间人,负责在买卖双方之间安排输电服务或者辅助服务。电力营销商声称有能力为零售用户降低电价并提供风险管理服务。③经纪商,通过合同谈判来购买电能和其他服务的代理商,不拥有任何发电或输电设备,没有所购买或者出售电能的所有权。④负荷整合商,市政或者私人组织的联合众多终端用户的实体,以便更好地处理电能的买卖、传输和其他服务,代表这些小型用户的利益。它通常将买家联合起来以提供额外的服务,为其客户与电力零售商和电能服务公司以合同的形式进行谈判。⑤电力零售商,电力服务的提供者,负责与终端用户进行直接交易。他们彼此在电价和服务上进行竞争,向终端客户销售电力和辅助服务。⑥工业用户,自己拥有配电变压器和配电设施的用电大户。它可以直接参与开放的市场竞争。⑦联合发电商,自己拥有发电机组的实体,生产电力和其他形式的有用热能,这些热能用于工业或者商业的制热和制冷。联合发电商可以从同一种燃料源同时生产电力和有用的热能。

拥有热电联产(CHP)的微电网和非 CHP 的微电源(分布式能源,DER)非常适合于工业用户和联合发电商,并且可以参与 PX 的交易。PX 同时接受买方和卖方的报价来决定交易当日 24h 中每个小时的市场出清价(Market Clearing Price,MCP)。计算机收集和整理买卖双方有效的报价,绘制出电能供应曲线与负荷需求曲线,两条曲线的交点就是 MCP,它是总的供需图上达到市场均衡时的平衡价格。如果发电商的报价低于 MCP,

其收益会遭受损失,而如果发电商的报价高于 MCP 将会导致其发电机组很少或者没机会运行。

## 7.2.9　输电定价

输电网是决定市场竞争的主要因素,因此输电定价在开放竞争的市场中是一个非常重要的方面。定价机制也必须有足够的实用性,以提升公平性和经济效益。

输电费用可以由两种方法来确定:①合同路径法;②兆瓦—英里法。

### 7.2.9.1　合同路径法

在合同路径法中,输电价格根据预定的潮流路径来计算。由于存在功率环流的平行潮流路径,这种输电定价的方法不够精确,因此,输电网所有者只能收到输电设备实际使用费的一部分。

这种方法的另一个缺点是输电费用的"叠煎饼"(Pancaking)现象。在互联电力系统中,平行路径或环网潮流基本是指电能传输过程中出现在相邻输电系统中的非计划的潮流。"叠煎饼"现象定义为潮流穿过指定的输电权限的合同路径边界的输电费用。额外的输电费用会增加到电力交易的总费用中,使总的输电价格升高。"叠煎饼"效应可以通过独立系统运营商(ISO)的区域电价方案来消除。在这个方案中,ISO 控制的输电系统被划分为几个区域,输电网的使用者需要支付这几个区域的基本电价。输电费用不取决于任意两个区域间潮流的路径和穿越次数。

### 7.2.9.2　兆瓦—英里法

一些 ISO 采用兆瓦—英里法来进行输电定价,该方法根据潮流途经的距离和每条输电线上潮流的大小来计算输电费用。

这种方法可以解决环网潮流的问题,且不需要考虑输电线路上的反向潮流。但是,对于综合所有输电线路上全部能源价格而言,这种方法的输电定价相当复杂。

## 7.2.10　微电网的竞争优势

### 7.2.10.1　辅助服务

微电网可以为电力系统提供潜在的辅助服务以维持其电压/频率的波

形、稳定性和可靠性。分布式能源迅速增加机组输出功率和关停机组的能力肯定可以让微电网抓住短期的销售机会。借助电力电子接口(PEI),微电网发电机组可以全面具备提供无功功率的能力,为配电网提供电压支持。通过合理配置 PEI,可以使其为辅助服务提供必要的无功功率。微电网完全有能力在开放的零售市场上出售电能、辅助服务,为系统频率的稳定提供支持,同时可以保持易受配电系统中负荷波动和其他紧急事故影响的电压波形。

在独立系统运营商(ISO)的运行与控制下,输电层面的辅助服务冦售市场已开始运作。虽然微电网所能提供的辅助服务是全方位的和有用的,但是主要障碍来自配电网层面缺乏为辅助服务搭建的开放的零售市场,这导致了零售市场竞争中出现负面的影响。与由配电网提供的辅助服务相比,目前尚无平等对待微电网中分布式能源(DER)提供的辅助服务的零售市场机制,这导致了微电网辅助服务与其成本效益间的矛盾。因此,在建立零售电力市场的同时,建立可以使得微电网参与的开放的辅助服务市场也是相当重要的。

在垂直一体化的垄断下,辅助服务由集中的发电机组提供,在传送这些服务时会产生很大的系统损耗,因此增加了输、配电的成本。因为微电网 DER 离用户很近,用户除了可以从其处购买电能之外,还可以用更便宜的费用购买由微电网提供的全方位的辅助服务,这将大幅减少输、配电的电能损耗。

只有当辅助服务是由电源提供时,微电网的辅助服务才能在开放的市场中全面参与竞争。因此,关于辅助服务的强有力的政策激励和有效的市场开放机制是发挥微电网模式中 DER 全部潜力的前提条件。

### 7.2.10.2　零售转运

为了发展用户可以直接进入的开放竞争的零售市场,电力行业的重组需要将竞争市场扩大到电力零售层面。在这个市场中,用户可以自由地选择他们的电力供应商。微电网只有进一步地整合技术上和制度上的变化才能更好地参与到零售转运(Retail Wheeling)的市场中去。

零售转运是输电、配电及电力消费市场的新模式,其目标是降低电能成本。借助零售转运,电力企业可以向远处的电力用户销售电能,用户也可以从较远处的电力企业购买电力。为了提高成本效率,中间商需要借助分布式能源技术(如微电网)来免除输电和配电的费率。零售转运可以在不需要本地中间商介入的情况下,使用户向电力供应商购买更便宜的电能。因此,从用户的角度来看,微电网参与开放竞争的零售市场很可能是有益的。微电网可以在开放的零售市场中,利用零售转运的机会向用户销售电能和各种辅助服务。

要从零售竞争发展到开放的收支循环服务,应该从计量和计费开始。对于用户的概况,零售竞争的拥护者应该掌握足够的信息。竞争性的零售市场可能需要经历相当大的改变,才能适应微电网在配电和系统运行方式中使用的新技术。为了明确定义微电网参与开放的零售电力市场的标准,应该制定相应的商业和监管框架。

只有当鼓励配电网层面的用户从微电网购买电力和辅助服务时,才会出现微电网的零售转运。此外,零售市场必须保证微电网可以通过竞争将多余的电能输入主电网。微电网多余电能的零售转运取决于变电站变压器的运行工况。如果这部分多余的电能被禁止输入主电网,那么这些电能就成为过剩电能,将会强加在电力买卖双方额外的输、配电成本上,还可能引起对购售双方的拥堵罚款。为了把多余的电能出售给其他配电系统,微电网必须在本地通过相关的输电系统拥有者/运营商在零售市场上出售电能。

### 7.2.10.3　整合商的作用

大规模地整合 DER 需要安装大量的通信设备来处理海量信息。在这种情况下,整合商可以为 ISO 提供足够的帮助来管理 DER 的机组,从而帮助 ISO 和 DER 建立一座跨越控制和管理问题沟壑的桥梁。整合商可以成为与 ISO 单独联系的纽带,在 ISO 处理大量 DER 问题时,与其他电源互动一样,为其提供合理的发电容量。虽然趸售市场和零售市场的功能和特性不尽相同,但是这两种市场之间有大量的相互作用。在一个包含大量参与者的复杂电力市场环境中,整合商对于市场的正常运作发挥着不可或缺的作用,整合商通常可以根据其收集的供需信息进行电能交易。由于零售市场中有大量的参与者,趸售市场中参与者数量相对较少,所以整合商在零售市场上的作用要远远大于其在趸售市场上的作用。

此外,大多数 DER 的投资者更愿意与拥有丰富电力市场经验和熟悉 DER 功能的第三方共同对其生产的电能进行交易和管理。DER 发电的整合主要关注:①DER 的电能供应;②对 DER 的电能需求;③DER 提供的辅助服务。

配电网运营商(DNO)验证并确保配电网运行的可靠性。在零售市场参与者数量特别多的时候,整合商可以显著地减少 ISO 和本地 DNO 的工作负担。

因为分布式能源(DER)发电消除了输、配电成本,因此整合商可以照顾到本地的配电系统。如果需要向其他区域转运剩余电能,整合商将会把相关的输、配电成本以及可能出现的输电拥堵费用包含在电价中。批量电力发电机组通常参与趸售市场,但是其也可以选择在整合商的帮助下参与零售市场的竞争。无论电能在哪个市场进行交易,都由 ISO 全权负责验证和确保输电网上电能交易的可靠性。DNO 只负责验证配电系统中零售交易的可靠性。

在通过协商确定提供给每种辅助服务的可整合发电容量和价格后,整合商可以帮助有兴趣的、潜在的 DER 投资者来参与辅助服务市场。之后,整合商可以与 ISO 反复协商辅助服务的价格。因此,整合商需要分别建立与 ISO 和 DER 机组的通信网络。

整合商通过与辅助服务市场和 DER 的持有者实时协商,来确定整合费用和委托整合的总量。整合商把收集的 DER 容量进行整合,形成一个用于日前和实时市场上清晰的辅助服务报价,之后履行这些辅助服务。根据针对辅助服务提供者建立的市场规则,整合商还要参与 DER 机组的性能评估和补偿。不同于垂直一体化的垄断环境,市场规定需要通过竞价机制来进行辅助服务价格的商谈。

# 第8章 微电网的规划设计与工程应用实例

由于发电单元类型及渗透率、负荷特性、电能质量等约束,系统的运行模式与传统电力系统存在较大区别,使得包含多种能源形式的自治供电系统的规划设计不同于传统电网的规划设计。智能微电网的规划设计主要包括选址和定容两个方面,其中优化目标的选择和能量调度策略决定了智能微电网的容量需求,是智能微电网规划设计的两个核心问题。在优化目标的选择上,可选择单目标或多目标,由于单目标优化难以全面优化智能微电网的各方面特性,在进行智能微电网规划设计时,一般采用多目标优化的方法,在以经济性为主目标的基础上,兼顾环保性、供电可靠性和可再生能源利用率等方面;在能量调度策略方面,采用负荷跟随和硬充电等策略均能达到安全、高效、稳定运行的目的。

## 8.1 微电网的规划设计

### 8.1.1 微电网规划设计的方法

在技术、经济、环境效益分析的基础上合理选择智能微电网结构和容量配置,才能保证智能微电网以较低的成本取得较大的效益。

(1)分析智能微电网内可再生能源与负荷需求。智能微电网内的可再生能源与负荷需求分析是实现智能微电网合理规划设计的首要任务,首先是要对智能微电网内可再生能源和负荷需求的分布特性进行分析,主要采用确定性和不确定性两种分析方法。确定性分析是指分析智能微电网规划设计中所涉及的风、光等资源情况与负荷需求情况,确定性分析的依据主要来源于历史记录数据,一种典型的分析方法是利用风速、光照强度与负荷等信息的全年 8 760h 的历史数据,对智能微电网的运行情况进行分析;不确定性分析主要是基于概率统计理论对可再生能源与负荷的变化特性进行建模。

(2)依据智能微电网内可再生能源与负荷的需求,建立智能微电网稳态运行的数学目标函数。依据分布式能源情况、负荷需求情况,基于各设备的准稳态运行模型,从技术、经济和环境等不同的目标角度选定合理的优化变量形成规划设计问题的数学描述。其中的优化变量主要包括分布式电源、储能装置与冷热电联供系统所含设备等的型号、容量和位置、光伏阵列的倾斜角、风机轮毂高度、运行调度策略类型、智能微电网中联络开关的位置等变量。

(3) 基于建立的目标函数,依据设立的目标和约束条件,通过各种算法求出智能微电网的最优解集,从而得到智能微电网的最优配置。智能微电网规划设计的目标可以是系统总成本的最小化、投资净收益的最大化、污染物排放的最小化、系统供电可靠性的最大化、系统网损的最小化、燃料消耗量的最小化等目标中的一个或多个。智能微电网规划设计的约束条件,通常包括规划设计问题本身的一些约束,如潮流约束、热稳定约束、电压约束、联络线功率约束;设备运行约束,设备输出功率上、下限限制、爬坡率限制、运行时间限制、储能存储容量约束等;监管约束,包括能源利用率约束、最大碳排放量限制等;资金约束,主要指系统总投资的最大值约束、投资回收期约束等;优化变量取值范围约束,这里主要考虑相关设备的安装面积及台数的限制;系统长期可靠性约束;其他约束,如光伏安装角度约束、风光互补特性约束、联络线功率波动约束等。

在选定优化目标,确定约束条件后,对目标函数应用粒子群算法、进化算法、遗传算法、模拟退火算法等针对目标函数和约束条件进行求解,得到智能微电网配置的最优解集,形成智能微电网内各单元容量配置的最优方案。

## 8.1.2　微电网规划设计的流程

智能微电网的规划设计,第一是要设定智能微电网的运行模式,即设定智能微电网是与大电网并网运行还是孤岛运行;第二是要进行数据的获取和分析,主要是获取智能微电网所建设地点的历史气象数据(风速、光照、温度等)和负荷数据;第三是要对分布式电源进行规划,要依据当地的地理和气象信息及负荷的能量需求状况,合理规划间歇性分布式电源和可控性分布式电源的分布和容量;第四要对储能系统进行规划和设计,包括对储能系统的容量和储能系统的型号进行选择和规划;第五,在上述分析、规划与设计的基础上形成多种方案,并通过技术及经济性手段的评估得出智能微电网的最优规划设计方案。具体的规划设计流程如图 8-1 所示。

目前市场上有不少针对智能微电网规划设计的软件,比如 HOMER、

Hybrid2、PDMG 软件等,对于上述流程图中的所有步骤都可以使用相关的软件来完成。

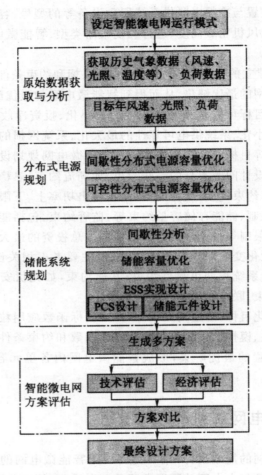

图 8-1  微电网规划设计流程图

## 8.1.3  微电网规划设计软件

### 8.1.3.1  微电网规划设计软件概述

为了便于实际智能微电网规划设计的应用,已涌现出多种智能微电网规划设计软件,例如 HOMER、Hybrid2、PDMG 等软件。HOMER、

Hybrid2、PDMG 软件的功能对比如表 8-1 所示。

表 8-1　三种软件功能对比

| 功　　能 | HOMER | Hybrid2 | PDMG |
|---|---|---|---|
| 系统应用 | 负荷平衡 | 负荷平衡 | 多种实际应用场景 |
| 容量优化功能 | 单目标列举比较法 | 无 | 多目标多种优化方法 |
| 逆变器设计 | 无 | 无 | 三种典型结构设计 |
| 储能串并联设计功能 | 无 | 无 | 根据逆变器与储能电压匹配进行设计 |
| 模型仿真 | 简化 | 准确 | 准确 |
| 能源类型 | 多种 | 风、光 | 风、光 |
| 电价 | 单一/分时 | 单一 | 单一/分时 |
| 混合储能 | 多种类型 | 无 | 蓄电池和超级电容器 |
| 灵敏度分析 | 有 | 无 | 无 |

### 8.1.3.2　微电网规划设计软件应用

下面结合一个风光蓄柴型海岛独立智能微电网的优化配置来阐述 HOMER 软件的应用。具体要求是结合该海岛生活用电的实际负荷和用电特征,采用风光蓄柴混合供电的方式,以总净现成本最低为配置目标,即以最小的投资成本满足海岛负载的用电要求为目标,针对各供电电源的功率配置问题采用 HOMER 软件进行仿真分析,最终确定相应负荷条件和供电要求下的最优功率配置方案,使得该风光蓄柴混合供电系统能最大限度地发挥其优越性、经济性,降低其供电成本。

风光蓄柴混合供电智能微电网系统由风力发电机组、光伏发电装置、蓄电池组、柴油发电机组、DC 总线控制器、DC/DC 转换器及 AC/DC 转换器、用电负载等组成,其结构图如图 8-2 所示。

为了保障该智能微电网系统的可靠性和稳定性,风力发电和光伏发电利用其互补特性作为整个智能微电网系统的主供电单元,柴油发电机作为备用供电单元,蓄电池作为储能单元。

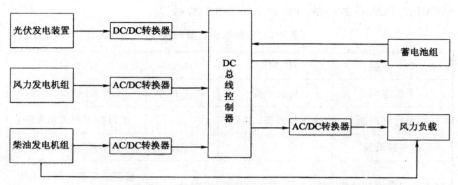

图 8-2　风光蓄柴混合供电智能微电网系统结构图

该海岛居民的用电设备功率如表 8-2 所示。

表 8-2　海岛居民的用电设备功率

| 空调/W | 路灯/W | 室内照明/W | 计算机/W | 灶具/W | 通信/W | 其他/W |
|---|---|---|---|---|---|---|
| 600 | 500 | 500 | 1 000 | 3 000 | 1 000 | 1 000 |

通过对海岛用电情况进行统计,得到每月、每月平抑各小时的居民用电负载功率如图 8-3 和图 8-4 所示。

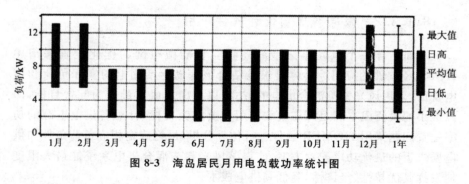

图 8-3　海岛居民月用电负载功率统计图

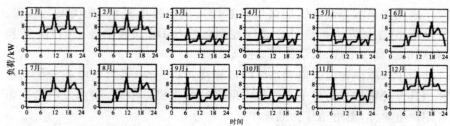

图 8-4　海岛居民每月平均各小时的用电负载功率曲线图

利用 HOMER 软件进行优化配置如下。

（1）新建一个 HMR 文件。打开 HOMER 软件，单击 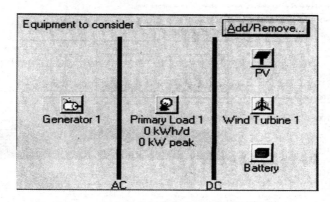 按钮，新建一个 HMR 文件，保存在指定的文件夹中。

（2）绘制风光蓄柴智能微电网系统的原理框图。

在打开的界面中单击 Add/Remove 按钮，弹出添加智能微电网系统单元界面，选中 Primary Load 1 复选框、PV 复选框、Wind Turbine 1 复选框、Generator 1 复选框、Battery 复选框。

图 8-5　风光蓄柴智能微电网系统原理框图

图 8-5 中显示的按钮分别代表柴油发电机组（Generator）、用电负荷（Primary Load）、光伏发电装置（PV）、风力发电机组（Wind Turbine）和蓄电池组（Battery）。

（3）输入负荷的日用电功率信息。在图 8-6 所示的风光蓄柴智能微电网系统原理框图中单击 按钮，打开负载输入框，依据图 8-4 海岛居民每月平均各小时的用电负载功率，在图 8-6 的 Load（kW）栏中输入每月用电负荷的平均日功率数据。

图 8-6 以表格和图形的方式显示的是一月的平均日负荷。二月到十二月的平均月负荷要根据图 8-4 所示的数据依次输入。单击 OK 按钮回到主窗口，在图 8-7 已输入负荷信息的原理框图中可以看到 Primary Load 1 及平均值（173kW·h/d）、峰值（13kW peak）并排显示在负载按钮下面。

（4）输入发电机组和发电装置的详细信息。

在 HOMER 软件中输入发电机组和发电装置的详细技术选项、单元成本、每个发电机组或发电装置的尺寸和号码，进行模拟。单元成本只是一个模拟数据，并不反映真实的市场成本。单击原理框图中的 按钮，打开柴油发电机组参数输入窗口，在打开的柴油发电机组参数输入窗口中输入相应的值。其中 O&M 代表操作和维护，O&M 不应包括燃料成本，因为 HOMER 软件会单独计算燃料成本。

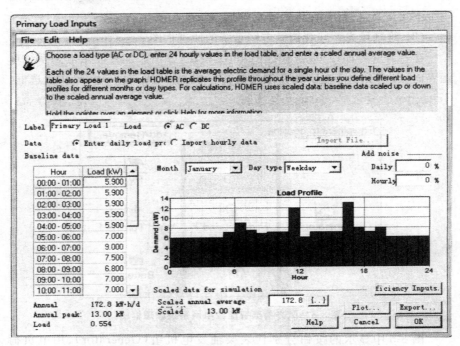

图 8-6　用电负荷每月日平均用电功率输入表

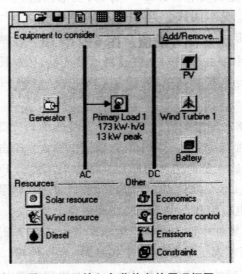

图 8-7　已输入负荷信息的原理框图

上面所输入的数据告诉 HOMER 程序，最初安装在系统中的柴油发电机组的成本是 1 500 美元/kW，更换发电机将花费 1 200 美元/kW，操作和维护将花费 0.05 美元/h。HOMER 程序将根据用户在成本表中输入的值绘制成本曲线，即硬件安装的成本是柴油发电 1kW 的价值为 1 500 美元，2kW 的价值为 3 000 美元，3kW 的价值为 4 500 美元。也可以通过在表中增加行来定义非线性的成本曲线。当用户在表格中输入值时，HOMER 在表的底部自动创建一个空白行，使用户可以添加额外的值。

在原理框图中单击 按钮，打开光伏发电装置参数输入窗口，在该窗口里输入光伏发电装置的型号、初始安装成本、更换成本及操作维护成本等。

在原理框图中单击 按钮，打开风力发电机组参数输入窗口，在该窗口里输入风力发电机组的型号、初始安装成本、更换成本及操作维护成本等，具体的参数设置如图 8-8 所示。

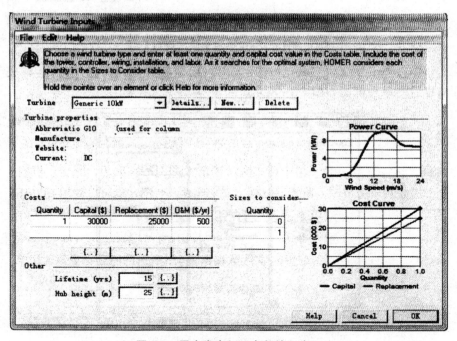

**图 8-8　风力发电机组参数输入窗口**

在原理框图中单击 按钮，打开蓄电池参数输入窗口。在 Battery（蓄电池组）下拉菜单中，选择 Trojan L16P，HOMER 软件会显示电池属性。填写 Cost 表和 Sizes to consider 表，具体的参数输入如图 8-9 所示。

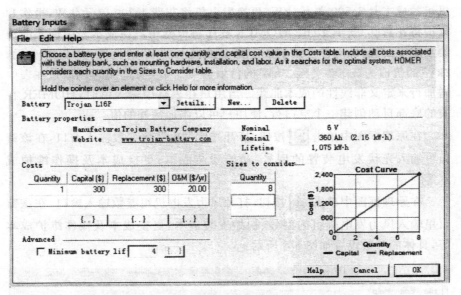

图 8-9　蓄电池参数输入窗口

　　单击 OK 按钮回主窗口，完成发电机组或装置单元信息的输入，输完信息后的原理框图如图 8-10 所示。

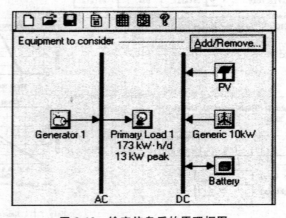

图 8-10　输完信息后的原理框图

　　（5）输入太阳能、风能等资源的详细信息。资源的详细信息描述的是一年中每小时可用的太阳辐射、风力、水力、燃料资源的值。对于太阳能、风能和水力资源，用户可以从一个文件导入数据，也可以使用 HOMER 输入。

　　在图 8-7 所示的原理框图中单击 按钮，打开风力资源输入窗口如

图 8-11 所示,选中 Import hourly data file 单选按钮,单击 Import File 按钮,打开 Sample_Wind_Data. wnd 或根据当地的风速情况直接输入相应的风速值。在这里根据表 8-3 所示的海岛历史风速记录直接输入。

表 8-3　海岛每月的风速记录

| Month | Jann-uary | Feb-ruary | March | April | May | June | July | August | Septem-ber | Octo-ber | Novem-ber | Decem-ber |
|---|---|---|---|---|---|---|---|---|---|---|---|---|
| Average Wind Speed/ (m/s) | 5. 100 | 3. 100 | 3. 700 | 4. 400 | 4. 600 | 4. 800 | 4. 30 | 4. 500 | 3. 800 | 3. 700 | 3. 800 | 4. 400 |

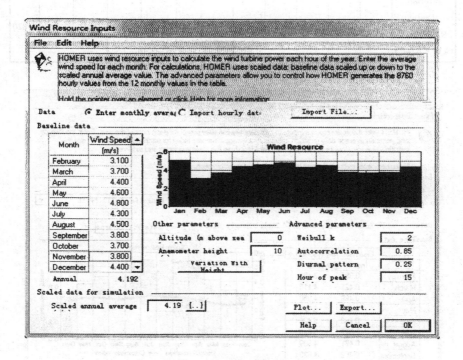

图 8-11　风力资源输入窗口

HOMER 软件可以用比例数据进行模拟,从而允许用户对资源可用性进行敏感性分析(灵敏性分析)。HOMER 软件用 Scaled annual average(被缩放后的年均值)值除以 Annual average(年均值)得出比例因子,再用比例因子乘每个原始数据的值,这样就形成了比例数据(将原始数据按一定规则缩放)。HOMER 默认的 Scaled annual average 值与 Annual average 值相同,这时比例因子为 1。用户可以更改 Scaled annual average 值来考查更高或者更低风速对系统的可行性的影响,当 Scaled annual average 值为 0 时,HOMER 认为没有可用的风力资源。

单击 Solar resource 按钮打开太阳能资源输入窗口,在该窗口中可以输入海岛的地理位置信息从而得到当地的太阳能的资源信息。由于条件的限制,可以采用表 8-4 所示的海岛每月的日平均辐照度中的历史年光照度数据在图 8-12 中直接输入。

**表 8-4　海岛每月的日平均辐照度**

| Month | Jann-uary | Febr-uary | March | April | May | June | July | August | Septe-mber | Octo-ber | Nove-mber | Dece-mber |
|---|---|---|---|---|---|---|---|---|---|---|---|---|
| Average Daily Radiation/ (kW·h/m²) | 3. 210 | 3. 450 | 4. 11 0 | 4. 950 | 5. 320 | 5. 420 | 5. 540 | 4. 990 | 4. 620 | 4. 340 | 3. 840 | 3. 310 |

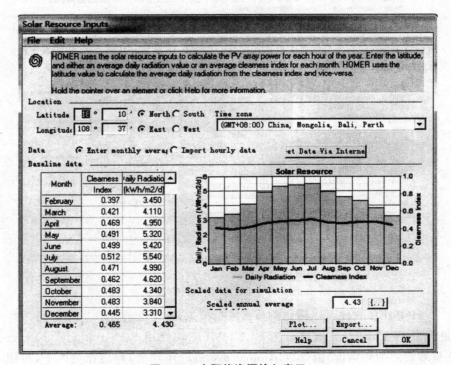

**图 8-12　太阳能资源输入窗口**

单击 按钮,打开柴油资源输入窗口,输入每升柴油的价格,如图 8-13

所示。

　　单击 OK 按钮,返回主窗口,HOMER 软件会自动检查用户在输入窗口中键入的数值是否有意义,如果没有意义,会在主窗口显示警告和错误信息。对于这个例子,HOMER 软件发出一个警告信息,提示用户系统中应该有一个变换器。变换器是指把交流转换成直流(整流器)或直流转换成交流(逆变器)的器件。单击主窗口中的 按钮,查看详细信息。在原理框图中可以看到,没有箭头从 DC 指向负载,这表示由光伏发电装置和风力发电机组发出的直流电无法加在交流负载上,警告信息建议添加一个转换器。单击 Add/Remove 按钮,添加一个转换器,如图 8-14 所示。

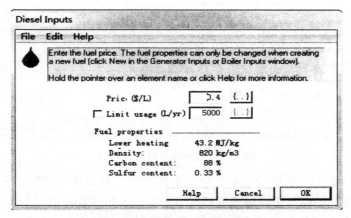

图 8-13　柴油资源输入窗口

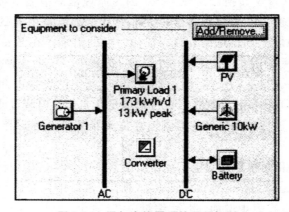

图 8-14　添加变换器后的原理框图

　　单击 按钮打开变换器参数输入窗口。在图 8-15 中输入变换器的技术参数和成本等信息。

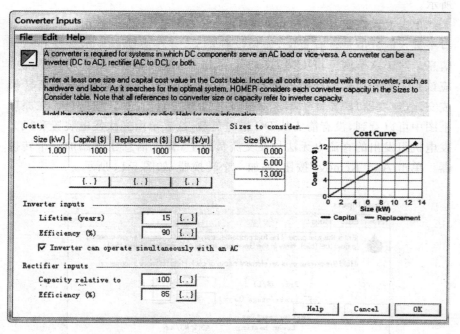

图 8-15　变换器参数输入窗口

这个窗口告诉 HOMER 软件在系统中安装和更换一个转换器成本为 1 000 美元/kW,每年操作和维护成本为 100 美元/kW。填写 Sizes to consider 表中数值告诉 HOMER 软件,系统设计中包括没有转换器,一个 6kW 转换器,一个 13kW 转换器三种情况。因为原理框图中显示负载的峰值为 13kW,可以推测 13kW 的转换器在大部分或全部能量由光伏发电和风力发电机提供的情况下能满足负载在任何时候的需求。在 Sizes to consider 表中填写 6kW 是在尝试使用功率小一些,花费少一些的变换器,看它是否更具成本效益。单击 OK 按钮,返回主窗口,其中的变换器两边就会出现箭头,表明 HOMER 软件现在可以考虑能量从光伏发电装置或直流风电机传递到负载。注意到图中转换器既包含整流器又包含逆变器,但这不会影响计算结果。

(6) 设置和查看优化变量。在窗口工具条中,单击 ▦ 按钮查看优化变量,弹出的 Search Space 窗口如图 8-16 所示,窗口中包含用户输入的所有优化变量,可以在表中增加、删除、编辑。

在图 8-16 中,G10 代表 Genetic 10 kilowatt wind turbine,Gen1 代表 Generator 1,HOMER 模拟系统设计时,会考虑图 8-16 中所有的组合(配置)。例如 2(G10),1(Gen1),1(Battery),3(Converter)或者 2×1×1×3

等组合(配置)。

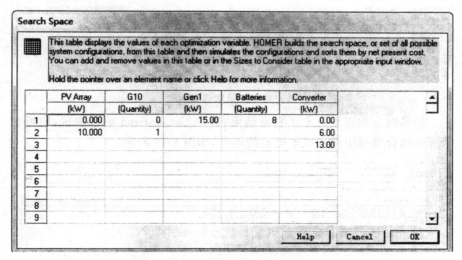

**图 8-16　优化变量查看和编辑窗口**

(7) 查看优化结果。HOMER 软件将考虑用户在组件中输入的优化变量的所有组合(配置),并且排除不可行的系统组合(配置)。例如,不能满足负载要求的组合(配置),不能满足资源要求的组合(配置)或者不能满足用户指定的限制要求的组合(配置)等。单击 Calculate 按钮开始进行优化分析。

当 HOMER 软件运行时,进度指示器显示分析结束剩余时间,如图 8-17 所示。

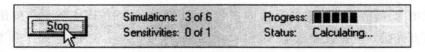

**图 8-17　变量优化进程图**

当模拟结束时,单击优化结果表(Optimization Results),再选中 Overall 单选按钮,查看所有的可行组合(配置),如图 8-18 所示。

在图 8-18 中,HOMER 找出了 8 个可行的组合,它们按成本效益由少到多排列。成本效益的计算是基于净现值的,标签是 Total NP C。可以看到在这个例子中,可行的方案是柴油发电机组和蓄电池组的组合,它比两个含有光伏发电装置和风力发电机组的方案更胜一筹。

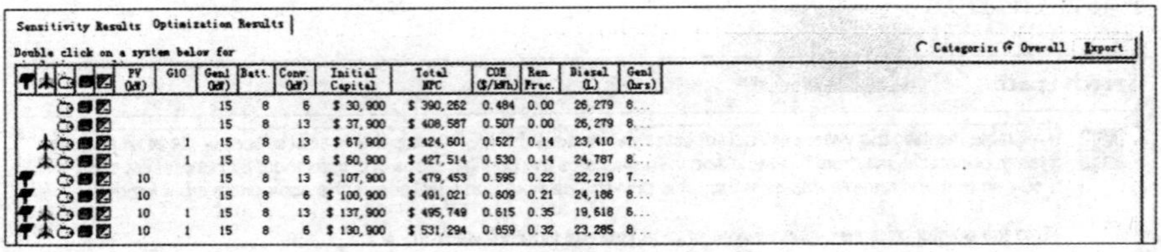

Sensitivity Results | Optimization Results

Double click on a system below for

Categorize / Overall / Export

| PV (kW) | G10 | Gen1 (kW) | Batt. | Conv. (kW) | Initial Capital | Total NPC | COE ($/kWh) | Ren. Frac. | Diesel (L) | Gen1 (hrs) |
|---|---|---|---|---|---|---|---|---|---|---|
| | | 15 | 8 | 6 | $ 30,900 | $ 390,262 | 0.484 | 0.00 | 26,279 | 8... |
| | | 15 | 8 | 13 | $ 37,900 | $ 408,587 | 0.507 | 0.00 | 26,279 | 8... |
| | 1 | 15 | 8 | 13 | $ 67,900 | $ 424,601 | 0.527 | 0.14 | 23,410 | 7... |
| | 1 | 15 | 8 | 6 | $ 60,900 | $ 427,514 | 0.530 | 0.14 | 24,787 | 8... |
| 10 | | 15 | 8 | 13 | $ 107,900 | $ 479,453 | 0.595 | 0.22 | 22,219 | 7... |
| 10 | | 15 | 8 | 6 | $ 100,900 | $ 491,021 | 0.609 | 0.21 | 24,186 | 8... |
| 10 | 1 | 15 | 8 | 13 | $ 137,900 | $ 495,749 | 0.615 | 0.35 | 19,618 | 6... |
| 10 | 1 | 15 | 8 | 6 | $ 130,900 | $ 531,294 | 0.659 | 0.32 | 23,285 | 8... |

**图 8-18 变量优化结果表**

如果以分类查看的方式查看结果，选中 Categorized 单选按钮，则可显示所有组合类型中最具成本效益的组合，如图 8-19 所示。

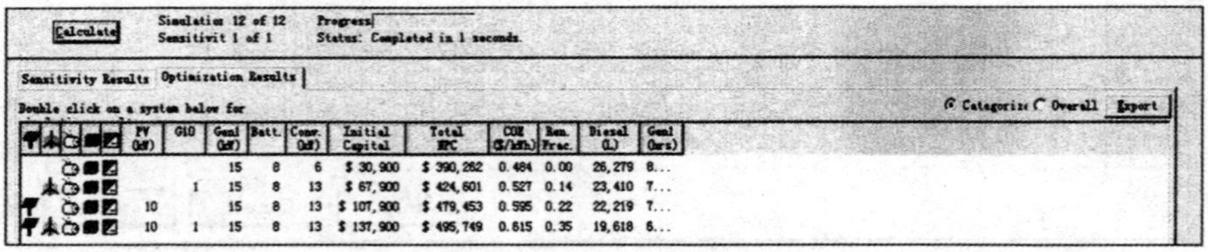

Calculate

Simulation 12 of 12 / Sensitivit 1 of 1

Progress / Status: Completed in 1 seconds.

Sensitivity Results | Optimization Results

Double click on a system below for

Categorize / Overall / Export

| PV (kW) | G10 | Gen1 (kW) | Batt. | Conv. (kW) | Initial Capital | Total NPC | COE ($/kWh) | Ren. Frac. | Diesel (L) | Gen1 (hrs) |
|---|---|---|---|---|---|---|---|---|---|---|
| | | 15 | 8 | 6 | $ 30,900 | $ 390,262 | 0.484 | 0.00 | 26,279 | 8... |
| | 1 | 15 | 8 | 13 | $ 67,900 | $ 424,601 | 0.527 | 0.14 | 23,410 | 7... |
| 10 | | 15 | 8 | 13 | $ 107,900 | $ 479,453 | 0.595 | 0.22 | 22,219 | 7... |
| 10 | 1 | 15 | 8 | 13 | $ 137,900 | $ 495,749 | 0.615 | 0.35 | 19,618 | 6... |

**图 8-19 最具成本效益的组合图**

查看光伏发电装置、风力发电机组、柴油发电机组、转换器组合类型中最具成本效益的组合的详细信息。双击第四行，可以得到所选组合在工程和经济方面的详细信息。例如，单击 Electrical 标签，可以看到系统产生的多余电量占系统产生的总电量的 5%，这部分电量没有被系统利用，被浪费掉了。在这种情况下则可以适当地增加蓄电池组来存储多余的电量。

在得到优化组合结果后，在文件菜单中，选择 save as 命令，将文件另存。

(8) 完善优化结果。通过前面的仿真结果可知，如果系统中减少光伏发电组件，将会减少系统产生的多余电量。单击原理框图中的 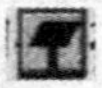 按钮，打开光伏发电装置参数输入窗口，在 Sizes to consider 表中，增加 1 和 2，HOMER 软件将会用 1、2、3、4、5、6、8 进行模拟。

单击 Calculate 按钮进行计算。当仿真计算完成后，在结果表中将显示新结果，刚添加的值也被算入其中。在图 8-19 中所看到的，光伏发电装置、风力发电机组、柴油发电机组、转换器组合类型中最具成本效益的组合包含光伏发电组件功率是 1 kW。在分类优化结果表中，双击第二行，显示详细信息，系统产生的多余电量由 5%下降为 1%。

HOMER 软件通过减小光伏发电装置来降低多余电量，帮用户完善了系统设计，但光伏发电和风力发电是可持续发展的清洁能源，在不受地域、光照资源及风力资源限制的条件下，应要尽量保证光伏和风力发电的装机容量，所以还可以进一步优化，以达到增加风力发电机组输出功率，减小柴油发电机组的装机容量及输出功率的目的，以进一步优化系统的配置。

（9）添加敏感性变量的优化。通过改变输入风速的 Scaled annual average 值和柴油的价格等敏感性变量，并利用这些变量进行敏感性仿真分析。敏感性仿真分析能够探究年平均风速的变化和柴油价格的变化对系统优化设计的影响。单击 ▦ 打开风力资源输入框；单击 {..} 按钮，打开敏感性输入框，在打开界面的表中输入 4.5、5.0、5.5、6.0、6.5、7.0 等值。

程序对每种组合（配置）进行分析时，都会用到这七组速度数据。再单击 ▦ 按钮，打开柴油发电机组输入框。在打开的界面的柴油价格信息输入框中输入 0.5、0.6、0.7 等柴油价格信息。

程序在计算每种组合（配置）时，界面中的每个柴油价格信息都会被用到。单击"OK"按钮，返回柴油价格信息输入框；再单击 OK 按钮，返回主窗口。

（10）对添加了敏感性变量的系统进行仿真并查看仿真优化结果。

单击 Calculate 按钮进行仿真分析，单击 Optimization Results 标签，再选中 Categorize 单选按钮，得到敏感性变量的仿真优化结果。该界面显示了当年均风速为 7，柴油价格为 0.7 时，光伏发电装置、风力发电机组、柴油发电机组、蓄电池组的组合是最佳系统类型，比光伏发电装置、柴油发电机组、蓄电池组的组合更具成本效益。

## 8.1.4　微电网规划设计的应用案例

### 8.1.4.1　地理位置和气象数据信息的获取

（1）地理位置信息的获取。海口市位于低纬度热带的边缘地带，属于热带海洋性气候。全年暖热，雨量充沛，常年风较大，热带风暴、台风频繁，气候资源多样化。由于纬度较低，太阳投射角大，光照时间长。年太阳总辐射量为 110～140kcal/cm²（460 460～586 040J/cm²），年日照时数为 1 750～2 650h。年平均温度 23～25℃。全年没有冬季，1 月至 2 月为最冷月，平均温度 16～24℃，7 月至 8 月为平均温度最高月份，为 25～29℃。智能微电网建设地点选取在海口市海南中学的男生宿舍楼，其地理位置信息如图 8-20 所示。

（2）气象数据信息的获取。从 NASA（美国国家航空航天局）气象资料查询网站上获得的太阳光辐照度信息、温度信息、风速信息、月平均日照时间如图 8-20 所示。

### 8.1.4.2  负荷耗电功率信息的获取

海南中学男生宿舍楼有 6 层,每层楼有 30 间宿舍,总共 180 间学生宿舍。宿舍内的用电器的功率情况如表 8-5 所示。

**水平面上每月的日平均辐射量 /[(kW·h/m²)/d]**

| 纬度 19.93<br>经度 110.33 | 1月 | 2月 | 3月 | 4月 | 5月 | 6月 | 7月 | 8月 | 9月 | 10月 | 11月 | 12月 | 年平均 |
|---|---|---|---|---|---|---|---|---|---|---|---|---|---|
| 22年平均 | 3.12 | 3.46 | 4.21 | 5.05 | 5.27 | 5.3 | 5.5 | 5.03 | 4.38 | 3.78 | 3.26 | 2.86 | 4.27 |

**地球表面10 m以上的月平均气温**

| 纬度 19.93<br>经度 110.33 | 1月 | 2月 | 3月 | 4月 | 5月 | 6月 | 7月 | 8月 | 9月 | 10月 | 11月 | 12月 | 年平均 |
|---|---|---|---|---|---|---|---|---|---|---|---|---|---|
| 22年平均 | 19.3 | 20.3 | 22.4 | 24.5 | 25.9 | 26.6 | 26.5 | 26.4 | 26.0 | 24.9 | 22.6 | 20.1 | 23.8 |
| 最大 | 17.5 | 18.5 | 20.4 | 22.4 | 23.7 | 24.1 | 24.0 | 23.9 | 23.8 | 23.2 | 21.0 | 18.4 | 21.7 |
| 最小 | 21.1 | 22.3 | 24.6 | 26.6 | 28.1 | 29.0 | 28.9 | 28.8 | 28.3 | 27.1 | 24.6 | 21.9 | 26.0 |

**地球表面50 m以上的月平均风速**

| 纬度 19.98<br>经度 110.33 | 1月 | 2月 | 3月 | 4月 | 5月 | 6月 | 7月 | 8月 | 9月 | 10月 | 11月 | 12月 | 年平均 |
|---|---|---|---|---|---|---|---|---|---|---|---|---|---|
| 22年平均 | 6.74 | 5.81 | 5.67 | 4.66 | 3.95 | 4.73 | 4.58 | 4.24 | 4.44 | 7.08 | 7.75 | 7.1 | 5.59 |

**月平均降雨量 / mm/d**

| 纬度 19.98<br>经度 110.33 | 1月 | 2月 | 3月 | 4月 | 5月 | 6月 | 7月 | 8月 | 9月 | 10月 | 11月 | 12月 | 年平均 |
|---|---|---|---|---|---|---|---|---|---|---|---|---|---|
| 22年平均 | 1.22 | 1.67 | 1.88 | 3.11 | 6.36 | 7.1 | 7.09 | 8.23 | 7.41 | 5.72 | 2.53 | 1.7 | 4.51 |

**图 8-20  太阳光辐照度信息、温度信息、风速信息、月平均降雨量**

**表 8-5  宿舍内的用电器的功率情况**

| 用电器 | 日光灯 | 节能灯 | 电 扇 |
|---|---|---|---|
| 功率/kW | 0.04 | 0.015 | 0.065 |
| 每间宿舍/个数 | 2 | 3 | 2 |
| 总功率/kW | 144 | 8.1 | 23.4 |

各用电器大致使用时间(均为周一到周五)如下。

日光灯:3—7 月、10 月至次年 1 月每天 6:00—7:00、18:00—19:00、22:00—23:00 供电,每日共计 3h。

节能灯:6:00—7:00、18:00—19:00、22:00—00:00,每日共计 4h。

吊扇:4—7 月、10 月 12:00—14:00、18:00—19:00、22:00 次日 6:00,每日共计 11h。

综合以上数据得出男生宿舍楼的平均日负荷如表 8-6 所示。

**表 8-6 男生宿舍楼的平均日负荷** （单位：KW）

| 时间段 | 3 月 | 4—7 月 | 10 月 | 11 月至次年 1 月 |
|---|---|---|---|---|
| 0 | 0 | 23.4 | 23.4 | 0 |
| 1 | 0 | 23.4 | 23.4 | 0 |
| 2 | 0 | 23.4 | 23.4 | 0 |
| 3 | 0 | 23.4 | 23.4 | 0 |
| 4 | 0 | 23.4 | 23.4 | 0 |
| 5 | 0 | 23.4 | 23.4 | 0 |
| 6 | 22.5 | 22.5 | 22.5 | 22.5 |
| 7 | 0 | 0 | 0 | 0 |
| 8 | 0 | 0 | 0 | 0 |
| 9 | 0 | 0 | 0 | 0 |
| 10 | 0 | 0 | 0 | 0 |
| 11 | 0 | 0 | 0 | 0 |
| 12 | 0 | 23.4 | 23.4 | 0 |
| 13 | 0 | 23.4 | 23.4 | 0 |
| 14 | 0 | 0 | 0 | 0 |
| 15 | 0 | 0 | 0 | 0 |
| 16 | 0 | 0 | 0 | 0 |
| 17 | 0 | 0 | 0 | 0 |
| 18 | 22.5 | 45.9 | 45.9 | 22.5 |
| 19 | 0 | 0 | 0 | 0 |
| 20 | 0 | 0 | 0 | 0 |
| 21 | 0 | 0 | 0 | 0 |
| 22 | 22.5 | 45.9 | 45.9 | 22.5 |
| 23 | 8.1 | 31.5 | 31.5 | 8.1 |

负荷的重要程度及其日平均用电量如表 8-7 所示。

表 8-7　负荷的重要程度及其日平均用电量

| 用电器 | 用途及特点 | 重要程度 | 日用电量/(kW·h) |
|---|---|---|---|
| 日光灯 | 室内照明 | 保障 | 43.2 |
| 节能灯 | 阳台、卫生间照明 | 可切除 | 32.4 |
| 电扇 | 夏季使用 | 可切除 | 257.4 |

### 8.1.4.3　微电网相关设备或装置安装位置的选择

由于男生宿舍楼左右以及后侧均是住宅区，前面为大面积的绿化带，因而选择在宿舍楼顶建设新能源发电的装置，如发电风机、光伏电池极及逆变装置、锂电池储能及逆变装置。

由图 8-21 可知，男生宿舍楼楼顶形状为字母 E，通过测量可得其尺寸数据如图 8-22 所示（图中数字单位为 m）。

### 8.1.4.4　光伏电池组件及风力发电机组、蓄电池组型号的选择

由表 8-7 可以看出不使用电扇的月份，日用电负荷为 75.6kW·h，而当使用电扇时，日用电负荷达到峰值，为 333kW·h。其中必须保障的用电负荷为 43.2kW·h，根据相应的安装尺寸，可选择型号为 GH300W 的光伏电池板，其对应的峰值功率 300W，每块电池板所占面积为 1 950mm×990mm，即 1.930 5m²。楼顶可用面积大概为 1 850m²，(1 850/1.930 5＝958.3m)，即可以安装 950m 左右的光伏电池板，但考虑要为光伏电池板留有一定的间距及留下足够大的运维通道，实际上是装不了这么多数量的电池板的，再考虑当地各月的平均日照时间（最低在 4h)，可以在楼顶放置 20kW 的太阳能光伏电池板用于发电，并相应地选取功率为 20kW 的光伏逆变器（如型号为 SOL-20K-TL 的光伏逆变器）。另外，风机可以选 10kW 的风力发电机组（如型号为 EW 10kW 的风力发电机组）。由于大量用电时间不是白天，因而需要使用蓄电池组来进行储能，以便白天发电供晚上使用，可以选取 12V，200A·h 的锂电池，例如型号为 GH-TMN-0820(12V，200A·h)的锂电池。

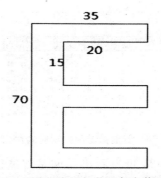

**图 8-21　智能微电网相关设备安装尺寸图**

### 8.1.4.5　利用 HOMER 软件进行优化

（1）输入相关优化变量的参数。在 HOMER 软件中设置相应的参数，设置的优化变量组合如图 8-22 所示。

| | PV Array (kW) | G10 (Quantity) | Label (kW) | 6FM200D (Quantity) | Converter (kW) |
|---|---|---|---|---|---|
| 1 | 0.000 | 0 | 0.00 | 0 | 0.00 |
| 2 | 5.000 | 1 | 100.00 | 1 | 10.00 |
| 3 | 10.000 | 2 | 200.00 | 2 | 20.00 |
| 4 | 15.000 | | 300.00 | 3 | 30.00 |
| 5 | 20.000 | | 400.00 | 4 | 40.00 |
| 6 | | | | 5 | 50.00 |
| 7 | | | | 6 | |
| 8 | | | | 7 | |
| 9 | | | | 8 | |
| 10 | | | | 9 | |

**图 8-22　优化变量选择及相关参数输入**

（2）通过 HOMER 软件计算出优化组合。经过计算得到的优化结果如图 8-23 和图 8-24 所示。

Sensitivity Results | Optimization Results

Double click on a system below for

| | PV (kW) | G10 | Label (kW) | 6FM200D | Conv. (kW) | Initial Capital | Operating Cost ($/yr) | Total NPC | COE ($/kWh) | Ren. Frac. | Diesel (L) | Label (hrs) |
|---|---|---|---|---|---|---|---|---|---|---|---|---|
| | | | 100 | | | $ 100 | 30,081 | $ 384,635 | 0.500 | 0.00 | 37,587 | 2,327 |
| | | | 100 | 10 | 10 | $ 7,658 | 29,724 | $ 387,632 | 0.503 | 0.00 | 36,148 | 2,230 |
| | | 2 | 100 | 10 | 20 | $ 19,072 | 28,938 | $ 388,993 | 0.505 | 0.00 | 34,610 | 2,151 |
| | | 1 | 100 | | 10 | $ 6,581 | 30,231 | $ 393,041 | 0.511 | 0.00 | 37,428 | 2,327 |
| | 5 | | 100 | 10 | 10 | $ 11,673 | 29,839 | $ 393,112 | 0.511 | 0.00 | 36,049 | 2,226 |
| | 5 | 2 | 100 | 10 | 20 | $ 23,089 | 29,030 | $ 394,188 | 0.512 | 0.00 | 34,489 | 2,144 |
| | 5 | | 100 | | 10 | $ 5,663 | 30,402 | $ 394,298 | 0.512 | 0.00 | 37,570 | 2,327 |
| | 5 | 1 | 100 | | 10 | $ 10,598 | 30,415 | $ 399,409 | 0.519 | 0.00 | 37,417 | 2,327 |

**图 8-23　智能微电网不并网时的优化组合**

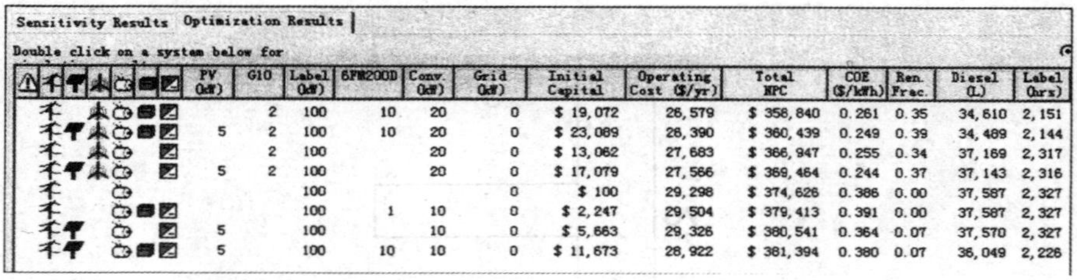

图 8-24　智能微电网并网时的优化组合

通过图 8-23 和图 8-24 可以看出并网是智能微电网更为合理的运行模式。

# 8.2　微电网的工程应用实例

## 8.2.1　项目背景

光伏发电存在不稳定、可调度性低、对电网谐波管理的影响等一系列问题，为解决光伏发电接入电网的问题，以分散方式构建微电网。接入配电网采取就地平衡原则，加强电网与用电侧互动与管理、推进分布式发电利用、促进智能住宅的发展、加速智能电网和互动服务体系建设。通过试点工程建设，开展最大化接纳分布式发电，节能降耗，提高能效、供电可靠性、电网整体抗灾能力和灾后应急供电能力的研究。

河南省财专位于规划中的河南职业教育集聚区内。新校区开展"分布式光储联合微电网运行控制综合研究及工程应用"师范工程项目。可开展太阳能屋顶利用面积超过 43 500m²，可以实现光伏总装机容量 2MW。项目结合 7 栋学生宿舍楼设计应用 380kW 的光储联合微电网系统。其中，光伏发电系统 380kW 为国家财政部及住建部下达的光电建筑一体化应用示范项目，由河南财专按照技术要求负责建设；储能系统规模为 2×100kW/100kW·h，采用磷酸铁锂电池；微电网系统控制范围为河南财专 4 号配电区学生宿舍及食堂，包括 3 路光伏发电系统、2 路储能系统及 32 路低压配电回路，并与中牟县电力公司调度机构进行通信。

图 8-25 所示为光储联合微电网系统一次接线图，图中虚框部分为微电网控制范围，光伏发电系统以 380V 电压等级并网于河南财专 4 号配电区低压侧。7 栋学生宿舍楼楼顶的光伏电池经直流汇流后接逆变器，分别并

网于 4 号配电区两台配电变压器低压侧两段母线。储能系统包括两套 100kW/100kW・h 磷酸铁锂电池经 PCS,分别并网于 4 号配电区两台配电变压器低压侧两段母线。

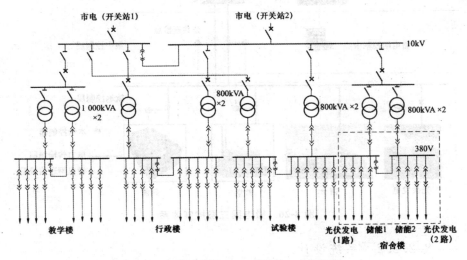

**图 8-25　光储联合微电网系统一次接线图**

　　该系统用电具有明显的时段性,在学生开学期间用电负荷峰值在 600kW 左右,此时光伏发电可全部就地被消纳,当学生放假期间,整个系统用电负荷小于 50kW,光伏发电超过用电负荷,将有反方向的潮流流入电力配电网。

## 8.2.2　系统设计方案

### 8.2.2.1　微电网三层控制体系

　　采用配电网调度层、集中控制层、就地控制层的微电网三层控制体系方案,如图 8-26 所示。其中上层配电网调度层主要从配电网的安全、经济运行的角度协调调度微电网,微电网接受上级配电网的调节控制命令。中间微电网集中控制层集中管理分布式电源和各类负荷,在微电网并网运行时实现微电网最优化运行,在离网运行时调节分布式电源输出功率和各类负荷的用电情况实现微电网的离网稳态安全运行。下层就地控制层控制各 DG 及负荷,实现微电网暂态的安全运行。

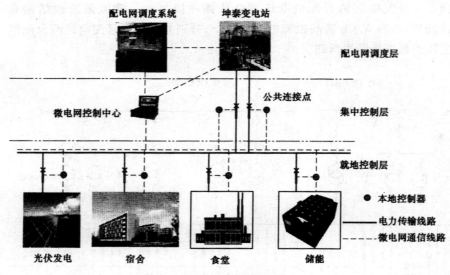

图 8-26　微电网三层控制体系

## 8.2.2.2　系统设计

（1）光伏发电。光伏发电分 3 路接入，采用 3 台 100kW、1 台 50 kW 共 4 台逆变器，其中 2 台 100kW 逆变器 2 路接入，1 台 100kW 逆变器与 1 台 50kW 逆变器合为 1 路接入，逆变器除具有自身运行参数信息外，还具有设置其运行输出功率的调节功能，逆变器集中安装于 4 号区域配电室。

光伏发电经逆变器通过低压柜接入，低压柜采用电操作的低压断路器，采用含电能质量测量的表计，测量光伏发电回路常规运行参数（电压、电流、有功、无功等）及电能质量（电压谐波 2～31 次、电流谐波 2～31 次）。

（2）储能回路。储能电池通过采用 2 台 100kW 储能变流器，分别接到两段母线上，储能变流器除具有自身运行参数信息外，还具有设置其运行输出功率的调节功能及模式切换功能。微电网停运时，启用"黑启动"功能，使微电网快速恢复供电。

（3）负荷回路。负荷回路通过低压柜接入，低压柜采用电操作的低压断路器，安装常规测量表计，测量负荷回路常规运行参数（电压、电流、有功功率、无功功率等）。

（4）公共连接点回路。公共连接点回路接入 MSD-831 并离网控制装置，采集公共连接支路电压、电流等数据，能对公共连接点断路器进行快速控制，实现孤岛检测、线路故障跳闸、供电恢复后的同期并网、母线备自投等功能，如图 8-27 所示。

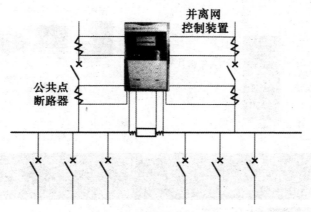

**图 8-27　公共连接点回路图**

（5）低压母线回路。低压母线回路接入 MSD-832 集中式负荷控制装置，采集母线电压，在离网瞬间，迅速实现微电网内部的发用电平衡，采用紧急控制切除不重要负荷（根据实际情况也可以是多余的分布式电源）；在离网运行期间，负荷控制装置完成低频低压减载、高频高压切机，使微电网的频率和电压维持在允许范围内，如图 8-28 所示。

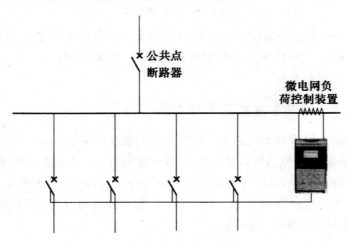

**图 8-28　微电网负荷控制器示意图**

（6）微电网控制中心。微电网控制中心（MGCC）采用 MCC-801 微电网集中控制装置，采用 IEC 61850 通信规约，实现整个微电网数据接入、监控、能量管理等，是微电网的控制核心。MCC-801 集中控制装置通过以太网同光伏发电逆变器、储能变流器、并离网控制装置、负荷控制装置连接，如图 8-29 所示。

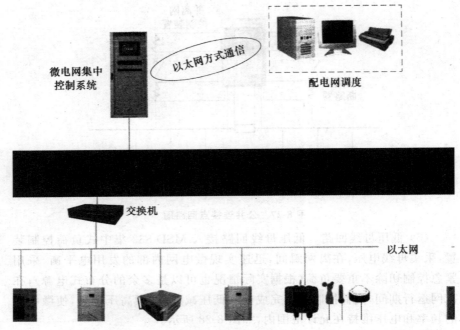

微电网集中控制系统

以太网方式通信

配电网调度

交换机

以太网

**图 8-29　系统结构图**

（7）微电网监控系统。微电网监控系统通过实时采集低压测控单元、分布式发电逆变器和并离网控制器的模拟量、开关量等信息，完成整个微电网运行工况的监视。

### 8.2.2.3　微电网能量管理系统

微电网能量管理系统是基于数据采集与监控（Supervisory Control and Data Acquisition，SCADA）基础之上的分析和计算，实现微电网实时统计和高级分析。其中，高级分析包括并离网自动切换、离网能量调度（自动维持微电网离网期间供用电的功率平衡）、储能充放电曲线控制、交换功率紧急控制（配网联合调度）等功能。

### 8.2.2.4　配电网调度

在微电网集中控制层配置远动装置，配电网调度自动化系统中接收微电网上传的公共连接点处的运行信息，根据配电网的经济运行分析，可易下发微电网的交换功率调节命令，从而使微电网整体成为配电网的一个可控单元。

配电网调度层在微电网并网运行时，下发调度命令使微电网以指定交换功率运行,辅助配电网实现削峰填谷、经济优化调度、故障快速恢复工作。

## 8.2.3　微电网运行

### 8.2.3.1　微电网综合监控系统运行

微电网综合监控系统监控微电网电压、频率,微电网入口处电压、配电网上下功率,监视统计微电网总发电输出功率、储能状况、负荷状况。图 8-30 所示为微电网母线电压日运行曲线,图 8-31 所示为微电网系统频率日运行曲线。

### 8.2.3.2　光伏发电运行

4 台光伏逆变器,其中 3 台 100kW 逆变器输出功率可调,调节范围为 10%～100%,50kW 逆变器输出功率不可调。光伏逆变器的启动时间可调,为了避免离网运行逆变器同时启动对储能 PCS 的冲击,4 台光伏逆变器的启动错开。

微电网并网运行时光伏逆变器以最大输出功率运行,离网运行时接受 MGCC 的调度,以指定功率输出。图 8-32 为光伏发电运行监控画面,图 8-33 为 100kW 光伏逆变器日发电曲线,图 8-34 为并网时 380V 母线电压波形,图 8-35 为并网时 380V 母线电压频谱,电压谐波以 3、5、7、9 等奇次为主,总畸变率及各次谐波分量均在国家标准规定范围之内。

**图 8-30　微电网母线电压日运行曲线**

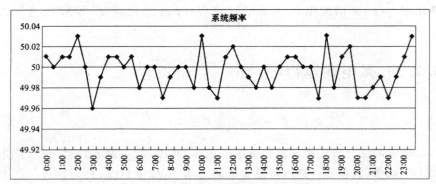

图 8-31　微电网系统频率日运行曲线

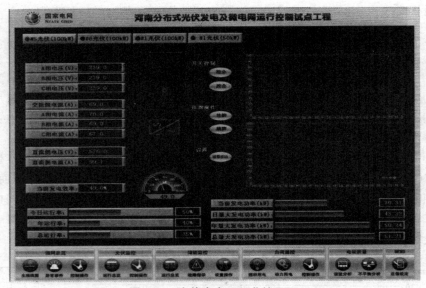

图 8-32　光伏发电运行监控画面

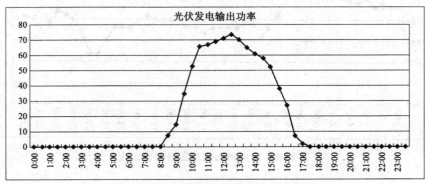

图 8-33　100kW 光伏逆变器日发电曲线

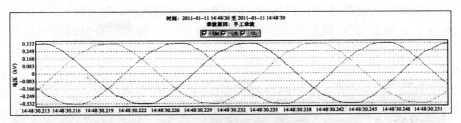

**图 8-34　并网时 380V 母线电压波形**

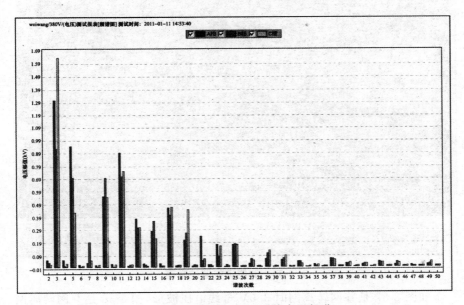

**图 8-35　并网时 380V 母线电压频谱**

### 8.2.3.3　储能运行监控

并网时储能变流器以 $P/Q$ 模式运行,接收微电网控制中心管理,调节输出功率。离网运行时 PCS 以 $V/f$ 模式运行,以恒频恒压方式输出功率,担当微电网离网运行时的主电源。如图 8-36 所示是储能运行监控画面。

# 8.2.4　微电网试验

### 8.2.4.1　并网转离网试验

并离网控制装置检测到电网断电,断开公共接入点(PCC)断路器,形成孤岛运行状态。同时给储能 PCS 和微电网控制系统发送离网信号,负荷控制装置切除非重要负荷。PCS 收到离网信号后进入离网运行模式以恒频恒压方式输出,微电网控制系统收到离网信号后立即进行并网转离网控制策略。

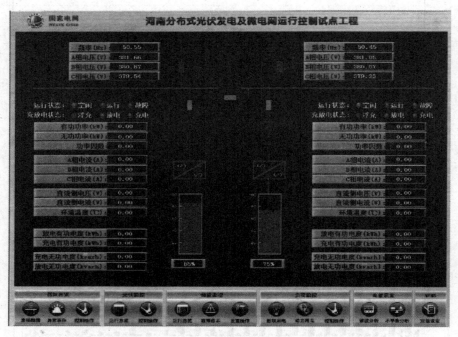

**图 8-36  储能运行监控画面**

如图 8-37 是并网转离网时 380V 母线电压波形,图 8-38 是并网转离网时储能 PCS 电流波形,图 8-39 是并网转离网时光伏逆变器电流波形,图 8-40 是并离网切换全过程电压趋势图。当微电网系统由并网状态切换到离网状态时,由于失去大系统支撑,主进线和非重要负荷断路器快速断开,微电网瞬间失电,光伏退出运行,储能经过一个从并网转离网的过程,在 5～10s 后进入离网运行模式,母线电压和系统频率恢复正常,因此离网后整个微电网经历一个短暂的停电时间进入离网运行模式。

### 8.2.4.2  离网运行试验

下面验证离网状态下平稳运行,通过调节光伏发电的输出,控制光伏达到最优输出功率和储能容量的合理利用。断开配电变压器 10kV 侧开关,模拟电网停电状态,进入离网运行状态。

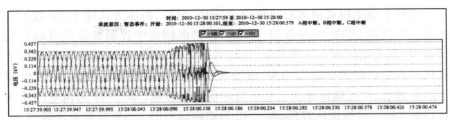

图 8-37　并网转离网时 380V 母线电压波形

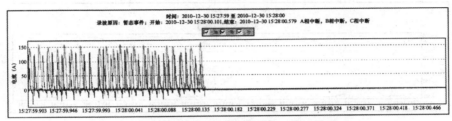

图 8-38　并网转离网时储能 PCS 电流波形

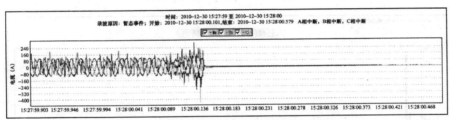

图 8-39　并网转离网时光伏逆变器电流波形

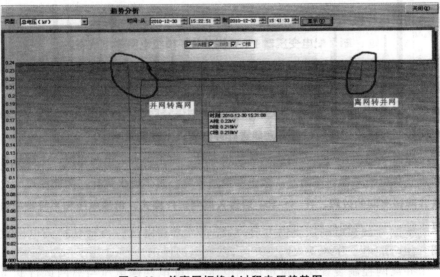

图 8-40　并离网切换全过程电压趋势图

　　在整个微电网离网运行过程中,储能以恒频、恒压方式输出,使低压母线电压保持在 380V,频率保持在 50Hz。微电网集中控制装置实时调节光伏发电、非主储能输出功率调节、负荷的启停等,实现微电网在离网运行下光伏尽可能以最大化输出功率、重要负荷较长时间地持续供电、储能电池不过充过放、尽可能保证次重要负荷的供电等目标。图 8-41 为微电网离网运行时 380V 母线电压波形,图 8-42 为离网运行时 380V 母线电压频谱。

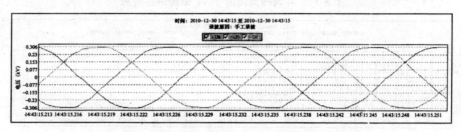

**图 8-41　微电网离网运行时 380V 母线电压波形**

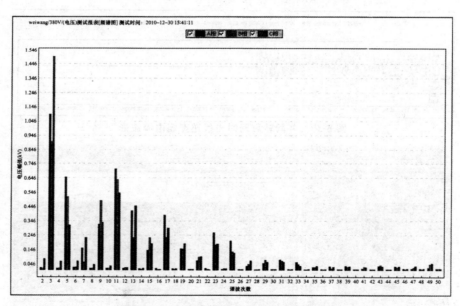

**图 8-42　离网运行时 380 V 母线电压频谱**

### 8.2.4.3　离网转并网运行试验

　　下面验证在电网恢复供电后,系统能否由离网运行自动切换到电网供电。闭合配电变压器 10kV 侧开关,恢复电网供电。

　　并离网控制装置检测配电网侧电压,当配电网侧电压与离网运行低压侧母线电压同期时,给储能 PCS 发送模式切换命令,储能停止 $V/f$ 控制模式,同时并离网控制装置闭合 PCC 断路器,控制系统进入并网恢复控制策略。图 8-43 为离网转并网时 380V 母线电压波形,图 8-44 为离网转并网时 PCS 电流波形,图 8-45 为离网转并网时光伏逆变器输出电流波形,当微电网由离网状态转入并网状态时,380V 母线电压瞬间跌落后立即恢复正常,光伏逆变器实现了低电压穿越,保证了光伏不间断发电,同时储能系统在扰动后也恢复正常工作,实现了微电网系统由离网到并网的平滑切换,离网到并网电压趋势图如图 8-40 所示。

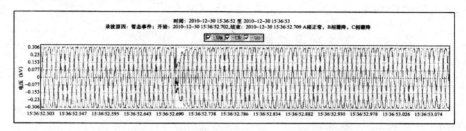

图 8-43　离网转并网时 380V 母线电压波形

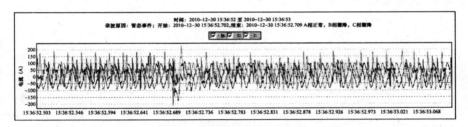

图 8-44　离网转并网时 PCS 电流波形

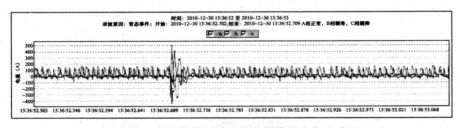

图 8-45　离网转并网时光伏逆变器输出电流波形

### 8.2.4.4　并网恢复试验

并网恢复试验的主要目的是测试电网并网后是否恢复为并网的正常运行模式。当系统恢复到并网运行模式下,微电网集中控制装置恢复离网后被切除的非重要负荷供电,恢复被限制输出功率的光伏逆变器使其以最大化输出功率发电,并自动为储能充电下一次控制做准备。

### 8.2.4.5　储能充放电控制

测试储能可以根据需要实现充放电管理,在负荷用电高峰期,设置储能自动放电,在负荷用电低谷,设置储能自动充电,实现储能系统对电网的削峰填谷,改善电网的运行环境。

根据系统用电高峰时间和用电低谷时间,设置各个时间段的储能充放电功率,形成充放电功率曲线,控制系统会自动根据充放电曲线实时控制储能的输出功率。

### 8.2.4.6　交换功率控制

交换功率控制主要测试微电网系统对上级交换功率调度的响应。可以通过手动设置调度数值,模拟上级调度命令。

可通过设置输出目标功率,使系统自动调节光伏、储能,还可通过暂时切除不重要负荷(紧急控制时),使实际交换功率尽量靠近调度要求的交换功率,实现微电网对配电网的支撑。

# 第9章 结 语

微电网是指由分布式电源、储能装置、能量转换装置、负荷、监控和保护装置等组成的小型发配电系统，是一个能够实现自我控制、保护和管理的自治系统。作为传统电网的延伸性产业，微电网展现出了巨大的发展潜力。虽然目前微电网的发展刚刚起步，但是在一系列新技术的支撑下，其必将实现快速进步。

微电网技术的提出旨在实现分布式电源的灵活、高效应用，解决数量庞大、形式多样的分布式电源并网运行问题。由于分布式电源数量多而分散，并且电源具有不同归属，无法保证调度指令能够被快速、准确、有效地执行，因此在配电系统中直接调度和管理大量的分布式电源会存在很大的困难，而微电网正是解决这一问题的关键。通过微电网实施对分布式电源的有效管理，可以使未来配电网运行调度人员不再直接面向各种分布式电源，既降低了分布式电源对配电系统安全运行的影响，又有助于实现分布式电源的"即插即用"，同时可以最大限度地利用可再生能源和清洁能源。配电系统中大量微电网的存在将改变电力系统在中低压层面的结构与运行方式，实现分布式电源、微电网和配电系统的高度有效集成，充分发挥各自的技术优势，解决配电系统中大规模分布式可再生能源的有效接入问题，这也正是智能配电系统面临的主要任务之一。

本书从实用化角度出发，对微电网涉及的相关技术进行了阐述，同时对典型工程应用实例进行了讲解和分析，内容丰富新颖，理论与实践并重。

第1章 引言。对微电网的产生背景、定义、结构与分类及发展现状与发展前景展开了讨论。微电网是实现主动式配电网的一种有效方式，微电网技术能够促进分布式发电的大规模接入，有利于传统电网向智能电网的过渡。作为国际电力系统的一个前沿研究领域，微电网技术以其灵活、环保、高可靠性的特点被欧盟和美国能源部门大力发展，今后必将在我国得到广泛应用。

第2章 微电网与分布式发电技术。介绍了光伏发电系统、风力发电系统、燃料电池发电系统、微燃气轮机发电系统、储能系统的基本工作原理、结构和特点。常见的储能模型包括物理储能、电化学储能、电磁储能。

第3章 微电网控制与运行技术。对微电网的运行模式，独立微电网三态控制,微电网的逆变器控制,微电网的并离网控制以及微电网的优化配置进行阐述。微电网优化配置是微电网规划设计阶段需要解决的首要问题。不合理的配置设计会导致较高的供电成本和较差的性能表现,甚至根本体现不出微电网系统自身固有的优越性。因此,微电网优化配置技术是充分发挥微电网系统优越性的前提和关键。

第4章　微电网的保护技术。微电网保护系统的设计是其广泛部署所面临的主要技术挑战之一,保护系统必须能够响应公共电网和微电网的所有故障。本章对分布式电源故障特性、微电网的接入对配电网保护的影响、微电网的自适应保护、微电网的接地保护展开讨论。

第5章　微电网的能量管理技术。为实现微电网的能量管理,需要实现分布式发电功率预测、负荷预测,并在此基础上建立微电网能量管理的元件模型进而进行能量优化计划,保障微电网的经济稳定运行。内容包括分布式发电功率预测、负荷预测、微电网的功率平衡、微电网的能量优化管理。

第6章　微电网的信息建模、通信与监控技术。本章内容包括微电网的信息建模、微电网的通信、微电网的监控。在规模较大的微电网中,涉及运行控制的设备(含系统)包括分布式发电装置、储能装置、测控保护装置、计算机监控系统等,各种设备的数量和种类众多,采用统一建模的信息通信技术,保证了不同设备之间的互操作性,同时为未来系统升级改造时能够很容易地实现不同厂家设备互换打下基础。

第7章　微电网的经济性与市场参与。本章从微电网的经济性和市场参与两个方面对微电网的市场接受度和生存能力与多个经济问题展开了讨论。

第8章　微电网的规划设计与工程应用实例。智能微电网的规划设计主要包括选址和定容两个方面,其中优化目标的选择和能量调度策略决定了智能微电网的容量需求,是智能微电网规划设计的两个核心问题。本章以河南省财专新校区开展"分布式光储联合微电网运行控制综合研究及工程应用"师范工程项目为例展开讨论。

基于先进的信息技术和通信技术,电力系统将向更灵活、清洁、安全及经济的"智能电网"方向发展。智能电网以包括发电、输电、配电和用电各环节的电力系统为对象,通过不断研究新型的电网控制技术,并将其有机结合,实现从发电到用电所有环节信息的智能交互,系统地优化电力生产、输送和使用。在智能电网的发展过程中,配电网需要从被动式的网络向主动式的网络转变,这种网络利于分布式发电的参与,能更有效地连接发电侧和用户侧,使双方都能实时地参与电力系统的优化运行。微电网是实现主动式配电网的一种有效方式,微电网技术能够促进分布式发电的大规模接入,有利于传统电网向智能电网的过渡。

微电网中的各种分布式发电和储能装置的使用不仅实现了节能减排,也极大地推动了我国的可持续发展战略。与传统的集中式能源系统相比,以新能源为主的分布式发电向负荷供电,可以大大减少线损,节省输配电建设投资,又可与大电网集中供电相互补充,是综合利用现有资源和设备、为用户提供可靠和优质电能的理想方式,达到更高的能源综合利用效率,同时可以提高电网的安全性。微电网技术虽然引入我国不久,但顺应了我国大力促进可再生能源发电、走可持续发展道路的要求,因此对其进行深入研究具有重要意义。

# 参 考 文 献

[1] 余建华.分布式发电与微电网技术及应用[M].北京:中国电力出版社,2018.

[2] 周邺飞,赫卫国,汪春,等.微电网运行与控制技术[M].北京:中国水利水电出版社,2017.

[3] 李一龙,蔡振兴,张忠山.智能微电网控制技术[M].北京:北京邮电大学出版社,2017.

[4] 张清小,葛庆.智能微电网应用技术[M].北京:中国铁道出版社,2016.

[5] 谭兴国.微电网储能应用技术研究[M].北京:煤炭工业出版社,2015.

[6] 赵波.微电网优化配置关键技术及应用[M].北京:科学出版社,2015.

[7] 苏剑,等.分布式电源与微电网并网技术[M].北京:中国电力出版社,2015.

[8] Hatziargyriou,N.,等.微电网:架构与控制[M].陶顺,陈萌,杨洋译.北京:机械工业出版社,2015.

[9] Chowdhury,S.,等.微电网和主动配电网[M].《微电网和主动配电网》翻译工作组,译.北京:机械工业出版社,2014.

[10] 李富生,李瑞生,周逢权.微电网技术及工程应用[M].北京:中国电力出版社,2013.

[11] 张建华,黄伟.微电网运行、控制与保护技术[M].北京:中国电力出版社,2010.

[12] 鲁宗相,闵勇,乔颖.微电网分层运行控制技术及应用[M].北京:电子工业出版社,2017.

[13] 鲁宗相,王彩霞,闵勇,等.微电网研究综述[J].电力系统自动化,2007,31(19):100-107.

[14] 王成山,等.微电网技术及应用[M].北京:科学出版社,2016.

[15] 王成山,武震,李鹏.微电网关键技术研究[J].电工技术学报,2014,29(2):1-11.

[16] 王成山.微电网分析与仿真理论[M].北京:科学出版社,2013.

[17] 王成山,李鹏.分布式发电、微网与智能配电网的发展与挑战[J].电力系统自动化,2010,34(2):10-14.

[18] 王成山,王守相.分布式发电供能系统若干问题研究[J].电力系统自